西藏农牧学院特色教材

牦牛养殖学

赵彦玲　主编

MAONIU YANGZHIXUE

中国农业出版社
北　京

内容简介

    本教材在参考相关教材的基础上，结合国内外养牛业发展动态和最新研究成果和技术，重点对牦牛养殖的相关知识进行了阐述。全书共分为三篇：第一篇养牛学概论、第二篇牦牛养殖学、第三篇实训。第一、第二篇主要内容包括绪论、牛品种和生产力评定、牛的日粮配合和饲养管理、牦牛产业发展概况、牦牛品种、牦牛的遗传育种和繁殖、牦牛的饲养管理、牦牛常见病的防治、牦牛养殖场的设计和建造。第三篇实训融"教、学、做"为一体，使理论课程实践化，实践课程实训化，强调了工学结合，突出了实践能力和综合应用能力培养，体现了"新农科"战略重视对人才培养的要求。全书内容丰富，科学性、先进性、实用性兼备。适合西藏农牧学院等相关高校的动物生产类专业教学使用，同时对从事牛业科学研究、技术推广的科技人员及牦牛养殖企业和职业农民培训也具有参考价值。

编 审 人 员

主　编　赵彦玲（西藏农牧学院）

副主编　任子利（西藏农牧学院）

参　编（按姓氏音序排列）

　　　　贡　嘎（西藏农牧学院）

　　　　黄　灏（甘孜藏族自治州职业技术学校）

　　　　李家奎（华中农业大学）

　　　　刘锁珠（西藏农牧学院）

　　　　罗晓林（四川省草原科学研究院）

　　　　欧杰次仁（西藏娘亚牦牛养殖产业发展有限责任公司）

　　　　穷　达（西藏农牧学院）

　　　　商　鹏（西藏农牧学院）

　　　　商振达（西藏农牧学院）

　　　　谭占坤（西藏农牧学院）

　　　　王宏辉（西藏农牧学院）

　　　　王建洲（西藏农牧学院）

　　　　王玉辉（西藏职业技术学院）

　　　　禹学礼（河南科技大学）

　　　　张　震（河南省奶牛生产性能测定中心）

　　　　赵旺生（西南科技大学）

主　审　昝林森（西北农林科技大学）

　　　　索朗斯珠（西藏农牧学院）

　　　　巴桑旺堆（西藏自治区农牧科学院畜牧兽医研究所）

前言

　　教育部办公厅关于实施一流本科专业建设"双万计划"的通知（教高厅函〔2019〕18号）指出，高校要全面落实"以本为本、四个回归"。坚持立德树人，切实巩固人才培养中心地位和本科教学基础地位，着力深化教育教学改革，全面提升人才培养质量。积极推进"新农科"建设。紧扣国家发展需求，着力深化专业综合改革，改造提升传统专业，打造特色优势专业。不断完善协同育人和实践教学机制。强化实践教学，不断提升人才培养的目标达成度和社会满意度。努力培育以人才培养为中心的质量文化。坚持学生中心、产出导向、持续改进的基本理念，建立健全质量保障机制并持续有效实施。西藏自治区明确提出把西藏农牧学院建设成为全区高校向应用型转型的示范基地。结合我校办学定位"立足高原，面向西藏，服务三农"，在我校动物科学专业被教育部批准为第一批卓越农林人才教育培养计划改革试点项目的背景下，根据学校教学特色，结合养牛业发展的实际需要编写了本教材。

　　本着密切结合牦牛生产、服务于行业发展需要的原则，本教材编者在多年来从事牦牛科研与生产实践方面的成果和经验的基础上，参考相关文献，对牛品种和生产力评定、牛的日粮配合和饲养管理进行了介绍，并从牦牛产业发展、牦牛品种、牦牛的遗传育种和繁殖、牦牛的饲养管理、牦牛常见病的防治等方面进行了阐述，并专设实训篇，突出培养实践能力和综合应用能力。本教材突出实践与理论的有机结合，科学性、实用性和可操作性并重，内容丰富，体现地域特色，通俗易懂，便于普及和推广，对牦牛产业化发展起指导作用。

　　本教材适合西藏农牧学院等相关高校的动物生产类专业教学使用，同时对从事牛业科学研究、技术推广的科技人员及牦牛养殖企业和职业农民培训也具有参考价值。

　　本教材在编写过程中，得到了西藏农牧学院特色教材项目的资助，在此表示衷心感谢。同时引用了诸多专家和学者的研究成果及资料，在此也表示衷心感谢。由于业务水平有限，书中不足之处在所难免，敬请批评指正。

赵彦玲

2021 年 7 月

目录

前言

第一篇　养牛学概论

第一章　绪论 ·········· 3

第一节　养牛业在畜牧业生产中的重要意义 ·········· 3

一、发展养牛业符合我国国情和节粮高效畜牧业的要求 ·········· 3

二、发展养牛业可加快现代化农业进程和实现可持续发展 ·········· 3

三、发展养牛业有利于生态农业建设 ·········· 4

四、发展养牛业有利于轻工业等行业的发展 ·········· 4

五、发展养牛业能增加经济效益、改善城乡居民膳食结构 ·········· 4

第二节　世界养牛业发展现状和趋势 ·········· 4

一、世界养牛业发展现状 ·········· 4

二、世界养牛业发展趋势 ·········· 5

第三节　我国养牛业发展现状和对策 ·········· 6

一、我国养牛业发展现状 ·········· 6

二、我国养牛业发展对策 ·········· 7

思考题 ·········· 8

第二章　牛品种和生产力评定 ·········· 9

第一节　牛品种 ·········· 9

一、乳用牛品种 ·········· 9

二、肉用牛品种 ·········· 11

三、兼用牛品种 ·········· 13

四、中国黄牛 ·········· 15

五、水牛 ·········· 16

第二节　牛的生产力评定 ·········· 16

一、奶牛的产奶性能评定 ·········· 16

二、肉牛的产肉性能评定 ·········· 18

思考题 ·· 19

第三章　牛的日粮配合和饲养管理 ······························· 21

第一节　牛的日粮配合 ··· 21
一、牛的常用饲料 ··· 21
二、奶牛的日粮配合 ··· 21
三、肉牛的日粮配合 ··· 24

第二节　奶牛的饲养管理 ··· 25
一、泌乳牛各阶段的饲养管理 ····································· 25
二、奶牛全混合日粮（TMR）的饲养技术 ··························· 27

第三节　肉牛的饲养管理 ··· 28
一、肉牛的生长发育规律 ··· 28
二、肉牛的直线育肥 ··· 29
三、架子牛的快速育肥 ··· 31
四、高档牛肉生产技术 ··· 34
五、提高肉牛育肥效果的有效技术措施 ····························· 35

思考题 ·· 37

第二篇　牦牛养殖学

第四章　牦牛产业发展概况 ······································· 41

第一节　牦牛概述 ··· 41
一、牦牛的起源、分布和数量 ····································· 41
二、牦牛的特点 ··· 42

第二节　牦牛产业发展现状和对策 ··································· 45
一、牦牛产业发展现状 ··· 45
二、牦牛产业发展对策 ··· 45

思考题 ·· 46

第五章　牦牛品种 ··· 47

第一节　地方品种 ··· 47
一、青海省 ··· 47
二、西藏自治区 ··· 49
三、四川省 ··· 51
四、甘肃省 ··· 54
五、新疆维吾尔自治区 ··· 55
六、云南省 ··· 55

第二节　培育品种 ……………………………………………………………… 56

第三节　原始品种（野牦牛） ………………………………………………… 57

第四节　优异种质资源 ………………………………………………………… 57

思考题 …………………………………………………………………………… 58

第六章　牦牛的遗传育种和繁殖 …………………………………………… 59

第一节　牦牛的遗传育种 ……………………………………………………… 59

一、牦牛的遗传特性 ……………………………………………………… 59

二、牦牛的育种方法 ……………………………………………………… 59

第二节　牦牛的繁殖 …………………………………………………………… 64

一、公牦牛的繁殖特性 …………………………………………………… 64

二、母牦牛的繁殖特性 …………………………………………………… 65

三、牦牛的人工授精技术 ………………………………………………… 68

四、牦牛的发情控制技术 ………………………………………………… 69

五、提高母牦牛繁殖力的主要措施 ……………………………………… 72

思考题 …………………………………………………………………………… 73

第七章　牦牛的饲养管理 …………………………………………………… 74

第一节　牦牛的放牧 …………………………………………………………… 74

一、放牧场的季节划分 …………………………………………………… 74

二、牦牛的组群形式 ……………………………………………………… 74

三、冷季放牧 ……………………………………………………………… 75

四、暖季放牧 ……………………………………………………………… 75

五、群众的放牧经验 ……………………………………………………… 76

第二节　不同牦牛的饲养管理 ………………………………………………… 76

一、犊牦牛的饲养管理 …………………………………………………… 76

二、母牦牛的饲养管理 …………………………………………………… 77

三、种公牦牛的饲养管理 ………………………………………………… 79

四、育成牛的饲养管理 …………………………………………………… 80

五、牦牛的日常管理 ……………………………………………………… 80

第三节　牦牛、犏牛早期断奶技术 …………………………………………… 81

一、牦牛、犏牛早期断奶的概念和目的意义 …………………………… 81

二、早期断奶调控母牦牛发情 …………………………………………… 82

三、早期断奶犊牛的饲养管理 …………………………………………… 83

第四节　牦牛一年一产技术 …………………………………………………… 83

一、技术形成经过 ………………………………………………………… 83

二、技术形成的关键措施 ………………………………………………… 84

三、牦牛一年一产技术模式 ……………………………………………… 85

第五节　放牧牦牛补饲和舍饲育肥技术 ·· 86

　　一、牦牛全放牧育肥出栏技术 ·· 86

　　二、牦牛补饲技术 ··· 86

　思考题 ··· 87

第八章　牦牛常见病的防治 ··· 88

　第一节　常见传染病的防治 ·· 88

　第二节　常见寄生虫病的防治 ··· 91

　　一、常见内寄生虫病 ··· 91

　　二、常见外寄生虫病 ··· 93

　　三、常见寄生虫病的防治 ·· 94

　第三节　常见普通病的防治 ·· 95

　思考题 ··· 97

第九章　牦牛养殖场的设计和建造 ·· 98

　第一节　牦牛养殖场的选址和公共卫生 ··· 98

　　一、牦牛养殖场的选址 ·· 98

　　二、牦牛养殖场的公共卫生 ·· 99

　第二节　牦牛舍的建筑设计 ·· 99

　　一、牦牛舍建筑设计的地域要求 ·· 99

　　二、牦牛舍建筑设计的原则 ··· 101

　　三、牦牛舍建筑设计的依据 ··· 101

　　四、牦牛舍类型 ··· 102

　　五、牦牛舍的环境控制 ·· 104

　第三节　高寒地区牦牛的常用饲养设施 ·· 105

　　一、泥圈 ··· 105

　　二、粪圈 ··· 106

　　三、草皮圈 ·· 106

　　四、木栏圈 ·· 106

　思考题 ·· 106

第三篇　实　　训

第十章　实训指导 ··· 109

　实训1　牛的体尺、体重测量 ·· 109

　实训2　牦牛的年龄鉴定 ·· 110

　实训3　奶牛的日粮配合 ·· 112

实训 4　母牦牛发情鉴定技术 ·· 115

实训 5　牦牛的人工授精 116

实训 6　肉牛的屠宰测定 ··· 119

参考文献 ·· 122

第一篇

养牛学概论

第一章 绪 论

第一节 养牛业在畜牧业生产中的重要意义

牛是一种多用途的草食家畜,既能为加工工业提供原料(如肉、乳),又能提供役力,现在牛的用途主要朝乳用和肉用方向发展;牛是世界上分布最广泛的动物种群,除南、北极外的其他所有地方均有牛的分布,主要包括奶牛、肉牛、水牛、牦牛等。

新时期农村产业结构调整的重点是"提质增效",发展优质高效的畜牧业,而调整农村产业结构必须抓好养牛生产,这是因为牛可以充分消化那些猪、禽等家畜不能有效转化的农作物秸秆资源,并且牛肉、牛奶都是现代社会人们生活所必需的高级食品,市场缺口很大。世界上畜牧业发达的国家都非常重视养牛业,其在畜牧业中的地位举足轻重。

一、发展养牛业符合我国国情和节粮高效畜牧业的要求

党的十九大报告提出"确保国家粮食安全,把中国人的饭碗牢牢端在自己手中"。习近平总书记强调保障国家粮食安全是一个永恒课题。我国作为农业大国和人口大国,人畜争粮的矛盾日趋凸显。解决这一矛盾较好的办法就是大力发展节粮高效畜牧业,在生产上,要充分发挥牛羊等草食家畜的优越性和挖掘其生产潜力。牛作为反刍家畜,具有特殊的消化机能,能充分利用各种粗饲料且其对饲料中粗纤维的消化率高。奶牛是除蛋鸡外饲料转化率最高的畜禽,其饲料中能量、蛋白质的转化率分别为17%、25%。

二、发展养牛业可加快现代化农业进程和实现可持续发展

现代化农业的重要标志之一是畜牧业总产值占农业总产值的比重相对较高,如丹麦、瑞典、法国、美国、意大利、西班牙等发达国家一般占50%以上,其中养牛业又占有较大比重。从产值结构来讲,农业现代化国家的农业中处于第一位的是牛奶,占总产值的20%左右,而我国牛奶产值在农业总产值中所占比重约为3%,养牛业所占农业产值比重不足20%。我国养牛业与畜牧业发达国家还存在较大的差距,发展潜力巨大。大力发展养牛业,可以推动肉牛奶牛养殖向规模化、产业化方向发展,可有效促进现代化农业进程和农业可持续发展。

三、发展养牛业有利于生态农业建设

"绿水青山就是金山银山"。对于现阶段的中国而言，生态农业应当是现代化的生态农业，是生态农业与现代农业的复合体系，既不能只重视生态效益而忽视了投入产出，也不可以生态环境为牺牲换取经济效益。生态农业具有综合性、多样性、高效性和持续性四大特点。退耕还林、林间种草、荒山荒坡栽种优质林草等，都为发展现代设施养牛提供了良好的饲料来源。在为农户带来丰厚收入的同时，也提供了大量的有机肥料，进而又有效推动了高效种植业发展，实现"林草—养牛—高效种植业"的良性循环和农村经济的可持续发展。大力发展人工种草，不但可以增加土壤中的有机质，改良土壤结构，提高土壤肥力，而且可以避免水土流失，改善生态环境。发展养牛业可以有效转化农副产品，把原本放火烧掉的秸秆转变为奶和肉。同时，还可以增加有机肥，减少或不使用化肥，促进生态农业建设。

四、发展养牛业有利于轻工业等行业的发展

现代养牛生产的主要目的是获取乳、肉等产品，且90％以上作为商品出售，为加工工业提供丰富的原料。发展养牛业，可以促进我国食品工业、制革工业、纺织工业、医药工业的发展。另外，还能扩大对外贸易，出口创汇。

五、发展养牛业能增加经济效益、改善城乡居民膳食结构

牛的饲料以青粗饲料和农副产品为主，饲料转化率高，成本低，收益大。西藏当雄县某牧场采取了"牦牛入股、草场流转、牧民入园"经营方式，不仅牦牛有了"身份证"、稳定了牛源，还让牧民获得了收益，一举两得。2019年8月份，某牧民将家里的30多头牦牛入股到该牧场，在得到30多万元的同时，年底还分红3.6万元。此外，他还在牧场里打工，专职养牛，每月有3 000元的稳定收入。

牛奶营养丰富，牛奶中的蛋白质含有人体维持所必需的全部氨基酸，而且比例搭配和谐；牛奶中的钙和磷比例恰当，长期饮用牛奶制品，对预防儿童和老人缺钙症极为重要；同时牛奶也是维生素的重要来源，对促进儿童的身体和智力发育有良好作用。由于奶在人类进步与社会发展中的重要地位，人均奶产品消费量早已被世界卫生组织作为衡量一个国家人民生活水平的主要指标之一。

第二节　世界养牛业发展现状和趋势

一、世界养牛业发展现状

（一）牛的饲养数量

据统计，2018年全球牛存栏量14.941 58亿头，其中排名前三的国家依次是巴西、印度、美国，分别为2.138 09亿头、1.917 54亿头、0.942 98亿头，中国牛存栏量为0.632 71亿头，排名第四（资料来源：《国际统计年鉴2020》）。由于世界各地的地理位置、自然环境、经济发达程度的不同，人民的文化习惯与生活水平有一定差异，不同牛种的分布呈现典型的地区差别。发达国家的牛群以奶牛和肉牛为主，而水牛和役用牛等则主

要分布在亚洲和非洲的发展中国家。

（二）养牛生产水平

养牛生产水平在不同的地区和国家间有显著的差别，如西欧诸国、美国、加拿大等国家奶牛与肉牛的生产水平都比较高，而亚洲与非洲整体养牛的生产水平相对较低。

2018 年世界奶类总产量 8.796 96 亿 t，其中牛奶为 7.137 34 亿 t，约占总产量的 81.13%；世界奶牛平均年产量为 2 236kg，其中以色列最高，达 10 421kg，韩国 9 053kg，美国 8 431kg，加拿大 7 501kg，中国为 2 112kg。2018 年世界牛肉生产量（折算为胴体重）7 160.3 万 t，平均胴体重达 218.4kg/头；牛胴体重超过 350kg/头的国家有日本（433.7kg/头）、马来西亚（398kg/头）、以色列（382.9kg/头）、新加坡（380.5kg/头）、加拿大（373.9kg/头）、美国（367.8kg/头）、卢森堡（365.7kg/头），中国牛胴体重仅为 142.4kg/头。养牛生产水平的这种差异，一方面与经济条件、自然条件有关，另一方面则受品种类型和饲养管理水平的影响。

二、世界养牛业发展趋势

（一）牛的数量保持相对稳定

虽然在发展中国家牛的数量持续增加，但是在一些牛业发达国家，奶牛和肉牛的饲养量呈现下降的趋势。这一方面是由于牛生产力的提高，另一方面则是出于对产品的需求和对环境控制的需要。在西欧和北美，奶牛的数量总体呈下降态势，而牛场的规模则越来越向中小型方向发展。

（二）乳、肉用牛品种特色明显，生产性能稳步提高

世界著名的乳用牛品种主要有荷斯坦牛（又称为黑白花牛）、娟姗牛、更赛牛、爱尔夏牛和瑞士褐牛等。由于荷斯坦牛具有产奶量高、生长发育快、生产单位牛奶所需的饲料费用低、瘦肉率高，以及风土驯化能力强和广泛的适应性等特点，所以目前荷斯坦牛已成为世界各国发展奶牛的首选品种，其在奶牛中饲养的比例不断增加，其他乳用牛品种则日渐减少。不少国家，如美国、澳大利亚、荷兰、以色列、加拿大、日本、丹麦、新西兰等，荷斯坦牛饲养比例均占奶牛饲养总量的 90% 以上。在我国，除了草原牧区外，在大部分农区和大中城市郊区，发展奶牛业也存在单一发展荷斯坦牛品种的趋势。

在肉牛养殖业中，自 2017 年起从以前发展体型较小、易肥、中早熟的安格斯牛、短角牛、海福特牛等英国品种转向发展欧洲大陆的大型品种，特别以瑞士的西门塔尔牛，法国的夏洛来牛、利木赞牛，意大利的契安尼娜牛、皮埃蒙特牛等品种发展较快，它们具有体型大、增重速度快、瘦肉多、脂肪少的特点。肥育期短、上市年龄早、瘦肉和优质肉比例高、日增重大、饲料报酬高的特点是国外对肉牛质量指标的一致要求。自 2005 年起，各国都非常注重"向奶牛要肉"，即把乳用品种的淘汰牛、奶公犊用来肥育，奶、肉兼得。欧洲共同体国家所产牛肉的 45%，日本所产牛肉的 55% 都来自奶牛。荷兰 90% 用于生产牛肉的牛来自乳用品种，该国红白花牛占 35% 左右，与黑白花牛相比，产奶量低，但更适宜用作肉牛饲养。

（三）应用高新技术，养牛生产效益提高，且重视健康养殖与环境和谐

奶牛、肉牛养殖与产品加工的规模化，提高了企业的市场竞争力，也推动了企业的技

术更新。在养牛生产中，牛配合日粮的应用提高了牛群的生产性能。在有些奶牛企业推广应用的牛全混合日粮（TMR），提高了奶牛的干物质摄入水平，降低了奶牛代谢病的发生率。牛的选种技术不断进步，如各国的奶牛联合育种体系、公牛的后裔评价体系、奶牛群改良计划（Dairy Herd Improvement，DHI），提高了奶牛选育的可靠性与准确性，而超数排卵和胚胎移植（multiple ovulation and embryo transfer，MOET）育种体系，为奶牛的育种工作，尤其是种公牛的选择提供了新途径。

养牛业发达国家都十分重视养牛业发展过程中对环境的影响研究，尽可能减少养牛业给环境带来的副作用，而且也都有比较完善的环境保护法规进行规范。一方面在牛场与加工企业规划建设时，十分重视对环境影响的评估，防止可能带来的对环境的污染或破坏。另一方面，在牛场与加工企业生产过程中，尽量减少对环境的影响，如尽可能使牛的营养平衡，以防止因为营养素不平衡对环境的污染；尽可能处理好企业的废弃物，特别是做好水的循环再利用。

重视牛的健康、福利，重视牛与环境和谐，不断在养牛业生产中开发、应用新的科学方法与管理技术，实施健康养殖，可以生产更多优质安全的牛产品，使牛更好地为人类服务。

第三节　我国养牛业发展现状和对策

一、我国养牛业发展现状

我国是世界上的养牛大国，2018 年牛的存栏总数 6 327.1 万头。1989—2018 年，我国养牛业虽有波动但整体表现为牛总数稳中有升，牛的生产性能逐步提高。

（一）肉牛生产稳步增加

2017 年我国牛肉产量为 726.1 万 t，同比增加 9.3 万 t，增长率 1.3%，达到近几年的最高值。我国已成为世界牛肉生产大国，但人均却仅为 5.4kg。2017 年我国人均牛肉消费量为 5.8kg，同比增长 2.8%，人均牛肉消费量连续 7 年保持稳步上升的态势。（中国畜牧业协会牛业分会，2019 年）

目前，我国肉牛生产的区域布局与牛肉产量份额，逐渐从牧区向农区转移，根据各地区的资源优势形成了 4 个明显的区域：中原、东北、西北、西南。目前我国肉牛养殖以"小群体、大规模"的农户养殖为主，不过，随着肉牛产业化的发展，生产组织化程度不断提高，培育了一大批养牛专业合作社和成立了养牛协会，大力推行"公司＋合作组织＋农户"等不同的组织化模式，肉牛生产与市场衔接日益紧密。

据不完全统计，2016 年全国散养户比重持续下降，同比减少 0.4%。适度规模化养殖比重逐步扩大；2016 年肉牛年出栏头数为 50 头以上的规模养殖场占到 28%，比 2007 年提高 12.1%，增幅为 76.1%。

（二）奶牛生产迅速发展

我国奶牛的主要品种是荷斯坦牛及其杂交改良牛，分布在全国各地。据《中国奶业年鉴 2016》统计，2015 年奶牛存栏 1 507.2 万头，改良种用牛 15.3 309 万头，牛奶产量 3 754.7万 t。

农业部等五部委联合印发《全国奶业发展规划（2016—2020 年）》，该规划划分出 5 个奶牛养殖区域，即东北和内蒙古产区，包括黑龙江、吉林、辽宁和内蒙古；华北产区，包括河北、河南、山东和山西；西部产区，包括陕西、甘肃、青海、宁夏、新疆和西藏；南方产区，包括湖北、湖南、江苏、浙江、福建、安徽、江西、广东、广西、海南、云南、贵州和四川；大城市周边产区，包括北京、天津、上海和重庆。

二、我国养牛业发展对策

（一）我国肉牛业发展对策

1. 扶持建立肉牛生产基地 充分利用较为丰富、品质相对好的河南、山东、安徽、河北等省黄牛资源和饲草饲料资源及粮食充足的优势，集中资金培植肉牛产业带。也要利用东北地区精饲料充足的优势，发展东北肉牛带。在农牧交错地带建设一批养牛示范县，推行退耕还草。

2. 发展产业化经营，培育龙头企业 为增强抵御市场风险的能力，培育肉牛业龙头企业，通过多种形式的合作，延长产业链条，使企业和农牧民结成利益联盟，形成我国牛肉的多层次生产经营体系，以满足高、中、低档牛肉消费市场。要有选择、有计划、有特色地建设在国内外有一定知名度和竞争力的龙头企业，以龙头带基地，以基地连农户，促进地区和全国肉牛业的大发展。

3. 增加科技投入，提高牛肉的产品质量，提高整体效益 扩建肉牛纯繁场，增强主要引进良种肉牛供种能力，加快地方良种黄牛的改良步伐，并培育我国的优良肉牛品种。加大良种黄牛品种保护的力度，加强地方良种黄牛选育。开展牛肉质量、卫生安全标准、检测技术的研究；开展重大疫病的监控与研究；研究推广肉牛生产配套技术。要尽快制定牛肉产品的生产、加工、出口检验检疫标准，与国际惯例接轨。要尽快制定出活牛分类标准、牛肉分级标准、牛肉及其制品的质量标准及卫生标准。

加紧促进实施"就地养殖、就近屠宰、就近仓储和销售、变运牛为运肉"的产业链合理化工程。提高屠宰加工企业的准入门槛，加大淘汰落后产能的力度，扶持肉牛养殖主产区高标准肉牛屠宰加工企业的技术升级改造，提高肉牛养殖主产区的屠宰加工能力和加工水平。

投入财力物力，针对国产牛肉产品，实施差异化、特色化研发研制工程。针对不同牛种、不同产地、消费群体的口味需求，尽快形成区别于进口牛肉产品的、特色各异的国产牛肉加工模式和产品群，提高我国牛肉加工业的核心竞争力（曹兵海等，2020 年）。

4. 全国实施耳标制度，加速追溯体系建设，加快无公害畜产品基地和检测体系建设

耳标全覆盖是实现高效、安全、优质的肉牛牦牛产业基础的前提，便捷的网络已经具备了通过电子耳标对生产个体、群体进行产业化、现代化的技术支撑、监控、精细调控管理的条件；信息输送手段及技术开发为了解生产区域和市场需求以及消费群体的变化也提供了相应的条件，是提高生产效率、技术推广、安全防疫、市场调控等全面管理的基础，追溯体系和大数据系统则是全面管理的手段。为此，建议从中央到地方，对活牛及牛肉产品产地环境、投入品、生产过程、包装标识和市场准入等环节的监管进行立法并制定措施，下大力气实施耳标全覆盖，并同时建立追溯体系和大数据系统。加快建设无规定动物疫病区和无公害畜产品基地。从产业中剔除盲目、混沌成分，提高产业运行质量和效益。

5. 调整完善肉牛牦牛补贴政策，进一步提高该产业发展资金支持力度　对于肉牛牦牛养殖的补贴，应体现广谱性和公平性，为了调动肉牛牦牛养殖户生产积极性，必须明确补贴重点。首先，加大良种培育，为保证牛源优质性，对规模养殖应加大补贴力度，继续完善冻精补贴政策。第二，繁殖母牛补贴政策应大力推广示范，提高能繁母牛的补贴资金，以减轻养殖能繁母牛的压力。这样，养殖户在享受能繁母牛补贴政策后，随着不断上涨的犊牛价格，可以扩大能繁母牛饲养规模，增加自繁自育肉牛养殖户的数量（曹兵海等，2020）。

（二）我国奶牛业发展对策

鉴于我国各地的经济环境、自然资源和养殖技术各不相同、各具特色，在制定区域奶牛养殖对策时，我国5个奶牛养殖区域都要因地制宜地制定符合自身资源禀赋和发展环境的政策，科学优化奶牛养殖的产业布局。主要对策有：

1. 加速现代科学技术在奶牛业上的应用　比如尽力创造条件，大力推广人工授精、胚胎移植技术、现代育种方法等，加速品种改良的进程，提高奶牛单产水平。

2. 加强饲草饲料产业的开发　除传统的饲草饲料生产外，根据市场需求加大研发生产奶牛全混合日粮、奶牛阶段饲养饲料等。

3. 大力培育龙头企业，整合产业链各环节利益　目前，我国应大力培育诸如伊利乳业、蒙牛乳业等著名的龙头企业，以形成较完整的产业链。

◆ 思 考 题 ──────────────────────────────

1. 简述养牛业在畜牧业生产中的重要意义。
2. 简述我国肉牛业发展对策。
3. 简述我国奶牛业发展对策。

第二章 牛品种和生产力评定

第一节 牛品种

按照当代动物学分类，牛属于：

脊椎动物门（Chordata）

　脊椎动物亚门（Vertebrata）

　　哺乳纲（Mammalia）

　　　单子宫亚纲（Monodel phia）

　　　偶蹄目（Artiodactyla）

　　　　反刍亚目（Ruminantia）

　　　　　牛科（Bovidae）或洞角科（Covicornia）

　　　　　牛亚科（Bovinae）

牛亚科包括家牛属（普通牛、瘤牛，在我国统称为黄牛）、牦牛属（牦牛）、水牛属（亚洲水牛、菲律宾水牛、印尼水牛）等。

牛品种可划分为不同的经济类型，如乳用、肉用、兼用等品种。

一、乳用牛品种

乳用牛品种主要有荷斯坦牛、中国荷斯坦牛、娟姗牛等。

（一）荷斯坦牛

1. 原产地及分布　荷斯坦牛原产于荷兰北部的北荷兰省（North Holland）和西弗里生省（West Friesland），具有广泛的适应性和风土驯化能力，是世界上饲养量最多、产奶量最高的大型奶牛品种。目前，已经遍布全球。被各国引进后，又经长期选育或与当地牛杂交而育成适应当地环境、各具特点的荷斯坦牛，如中国荷斯坦牛、美国荷斯坦牛等。

2. 外貌特征　因其被毛为黑白相间的斑块，因此又被称为黑白花牛。成年母牛体型侧望、前望、上望均呈明显的楔形结构，后躯较前躯发达。体格高大，结构匀称，皮薄骨细，皮下脂肪少。乳房庞大且前伸后延好，乳静脉粗大而多弯曲。头狭长清秀，背腰平直，尻方正，四肢端正。被毛细短，毛色呈黑白花片，界限分明，额部有白星，腹下、四肢下部及尾帚为白色。

成年荷斯坦牛：公牛体重 900～1 300kg，体高 155～175cm，体斜长 190～210cm，胸围 226～240cm，管围 22～23cm；母牛体重、体高、体斜长、胸围、管围依次为 600～750kg、135～155cm、170～180cm、195～205cm、19～20cm。犊牛初生重为 35～50kg。

3. 生产性能 产奶量为各乳用牛品种之冠。平均年产奶量为 9 777kg，乳脂率为 3.66%，乳蛋白率为 3.23%。

4. 繁殖性能 母牛初情期 10～12 月龄，一般在 13～15 月龄开始配种，发情周期平均 21d，发情持续期 12～18h，妊娠期平均 280d，6.0～8.5 岁达到产奶高峰，理想的状态是 1 年产 1 胎，产奶期 10 个月。公牛 10～16 月龄达到性成熟，18 月龄后适宜采精配种。

(二) 中国荷斯坦牛

1. 原产地及分布 中国荷斯坦牛（Chinese Holstein）育成于 1987 年，原称中国黑白花牛（Chinese Black and White），为了与国际接轨，1992 年农业部批准更名为"中国荷斯坦牛"。早在 19 世纪，我国即从国外引进荷斯坦牛。20 世纪 50—80 年代又相继从日本、美国、荷兰、德国、苏联等国家引进，尤其是引入这些国家的种公牛或冻精，长期与各地黄牛进行级进杂交、选育，逐渐形成了现在的中国荷斯坦牛，也是我国唯一的乳用牛品种。2020 年底全国奶牛存栏 1 043.3 万头。

由于各地引入的公牛来源不同，本地母牛类型不一，以及饲养环境条件的差异，我国荷斯坦牛有大、中、小 3 个类型。目前在全国各地均有分布，且已有了国家标准，分南方型和北方型 2 种。

2. 外貌特征 中国荷斯坦牛属于大型乳用牛品种，体格高大，体质细致结实，结构匀称，毛色黑白相间，花片分明，额部有白斑，腹下、四肢膝关节以下及尾帚呈白色。乳房附着良好，质地柔软，乳静脉明显，乳头大小、分布适中。成年中国荷斯坦牛：公牛体重 900～1 200kg，体高 150～175cm，体斜长 190～210cm，胸围 220～235cm，管围 22～23cm；母牛体重、体高、体斜长、胸围、管围依次为 550～750kg、135～155cm、165～175cm、185～200cm、18～20cm。

3. 生产性能 饲养管理条件较好时，平均年产奶量为 7 951kg，乳脂率为 3.81%，乳蛋白率为 3.15%。

4. 繁殖性能 母牛初情期为 11～12 月龄，一般在 13～15 月龄、体重 380kg 以上开始配种，发情周期为 18～21d，发情持续期 10～24h，妊娠期 282～285d，产犊间隔 13.0～13.5 个月，6.0～8.5 岁产奶量达到高峰。公牛 10～12 月龄达到性成熟，18 月龄后可正常采精配种。

(三) 娟姗牛

1. 原产地及分布 娟姗牛是小型乳用牛品种，原产地为英吉利海峡的娟姗岛，是英国政府颁布法令保护的珍贵牛种，其最大的优点是乳汁浓厚，乳脂、乳蛋白含量均明显高于普通奶牛，优质乳蛋白含量达 3.5% 以上。虽然许多国家均有饲养，但以美国、澳大利亚、新西兰、加拿大和丹麦等国家饲养数量为多。

2. 外貌特征 娟姗牛体格小，清秀，轮廓清晰，具有典型的乳用牛外貌特征。头小而轻，眼大而明亮，额部稍凹陷。角中等长，呈琥珀色，而角尖呈黑色。胸深而宽，背腰平直，后躯发育好，四肢较细，关节明显。乳房容积大，发育匀称，形状美观，乳静脉粗大而弯曲，乳头略小。皮薄，骨骼细，被毛细短而有光泽，毛色为深浅不同的褐色，以浅褐色最多。鼻镜及舌为黑色，嘴、眼周围有浅色毛环，尾帚为黑色。

成年娟姗牛：公牛体重为 650～750kg，母牛体重为 340～450kg；母牛体高为 120～122cm，体长 130～140cm，胸深 64～65cm，管围 15～17cm。犊牛初生重为 23～27kg。

3. 生产性能　娟姗牛的最大特点是单位体重产奶量高，乳汁浓厚，乳脂肪球大，易于分离，风味好，适于制作黄油，其鲜奶及乳制品备受欢迎。年产奶量为 3 000～4 000kg，乳脂率为 5%～7%，是世界乳用牛品种中乳脂产量最高的品种。

4. 繁殖性能　娟姗牛初配年龄为 15～18 月龄。世界上不少国家引入后，除进行纯种繁育外，还将其同乳脂率低、耐热性差的品种进行杂交，以改良当地乳用牛的乳脂率及耐热性能。

二、肉用牛品种

肉用牛品种主要有中小型品种如安格斯牛、海福特牛，大型品种如利木赞牛、夏洛来牛等。

（一）安格斯牛

1. 原产地及分布　安格斯牛原产于苏格兰北部的阿伯丁、安格斯和金卡丁等郡，是英国较古老的小型肉用牛品种之一。目前，安格斯牛分布在世界大多数国家，占美国肉牛总头数的 1/3，是澳大利亚肉牛业中非常受欢迎的品种之一。

2. 外貌特征　因无角、毛色纯黑，故安格斯牛也称无角黑牛。安格斯牛体格较低矮，体质结实。头小而方，额宽。颈中等长，背腰平直丰满。体躯宽而深，呈圆筒状。四肢短且较直，全身肌肉丰满，具有典型的肉用牛外貌。皮肤松软，具有弹性，被毛均匀、整齐而富有光泽。

成年安格斯牛：公牛活重为 800～900kg，母牛活重为 500～600kg；公牛体高 130cm，母牛体高 118cm。犊牛初生重 25～32kg。

3. 生产性能　安格斯牛肉用性能良好，具有生长发育快、早熟易肥、出肉率高、肉的大理石纹好、胴体品质好等特点，屠宰率为 60%～65%，日增重为 900g 左右。

4. 繁殖性能　安格斯牛早熟易配，12 月龄性成熟，初配年龄常在 18～20 月龄。发情周期为（20±2）d，发情持续期为 6～30h（平均 21h），妊娠期为 260～290d。产犊间隔一般为 12 个月左右，且极少难产。在国外肉牛杂交中多以安格斯牛为母系。我国于 1974 年开始从英国、澳大利亚等国家引入，其中包括红安格斯牛，改良我国小型黄牛效果显著，目前主要分布在我国北方各省。2017 年，西藏开展牦牛经济杂交利用工作，以黑安格斯牛为父本、杂交一代母犏牛（西藏牦牛和当地黄牛杂交所产生的第一代杂种后代）为母本，生产的杂交后代——雅江雪牛（见彩图）作育肥用。西藏开展的杂交试验效果表明，杂交后代生长速度快，抗病能力强，生产性能良好。

（二）海福特牛

1. 原产地及分布　海福特牛原产于英国的海福特郡，是世界上最古老的中小型早熟肉用牛品种。海福特牛以优良的种质特性驰名全球，现分布于世界许多国家，成为欧、美洲的四大肉用牛品种之一。

2. 外貌特征 海福特牛具有典型的肉用牛体型，分为有角和无角两种。全身被毛柔软，毛色主要为暗红色，具"六白"特征，即头、颈下、鬐甲、四肢下部、腹下和尾梢一般为白色。鼻镜呈粉红色。头短额宽，公牛角向两侧伸展，稍向下方弯曲，母牛角尖有向上弯曲的。颈短、胸深，躯干呈圆筒状；背腰宽平，臀部肌肉发达；全身骨骼细，四肢短而粗，侧看体呈矩形。成年海福特牛：公牛体重 850～1 100kg、体高 134.4cm、体斜长 169.3cm、胸围 211.6cm、管围 24.1cm；母牛体重、体高、体斜长、胸围、管围依次为 600～700kg、126.0cm、152.9cm、192.2cm、18.0～20.0cm。

3. 生产性能 海福特牛耐粗饲，适宜放牧饲养，对环境条件适应性强；增重快，肌肉呈大理石纹状，肉质柔嫩多汁，屠宰率一般为 60％～65％，净肉率达 57％，平均日增重公、母犊相应为 0.98kg 和 0.85kg（刘敏等，2013 年）。

4. 繁殖性能 母牛初情期为 6 月龄，初配年龄为 15～18 月龄、体重达 500kg，发情周期平均 21d，发情持续期 12～36h，妊娠期平均为 277d。在欧美提倡早配，2 岁左右产犊，公牛体重大，四肢短，体型笨重，但爬跨灵活，种用性能良好。在我国各地用于杂交改良本地黄牛，海杂一代表现出体格加大，体型改善，具有明显的杂种优势，以延边牛为母本的杂交一代育肥期日增重比母本提高 29.11％。

（三）利木赞牛

1. 原产地及分布 利木赞牛原产于法国利木赞高原，是法国仅次于夏洛来牛的专门化大型肉用牛品种，有 70 余万头。

2. 外貌特征 被毛为黄棕色或黄红色。体躯呈圆筒形。头短、嘴较小，额宽，母牛角细向前弯曲，公牛角粗而较短，向两侧伸展，并略向外卷曲。胸宽深，肋圆，背腰较短，尻平，背腰及臀部肌肉丰满。四肢强壮、较细。全身骨骼较夏洛来牛略细。

成年利木赞牛：公牛活重为 950～1 200kg，母牛活重为 600～800kg；公牛体高为 140cm，母牛体高为 130cm。公犊牛初生重为 36kg，母犊牛初生重为 35kg。

3. 生产性能 产肉性能高，眼肌面积大。瘦肉多而脂肪少，肉嫩，肉的风味好。该品种的特点是小牛产肉性能好，为生产早熟小牛肉的主要品种。8 月龄小牛就具有成年牛大理石纹状的肌肉，肉质细嫩，脂肪沉积少，瘦肉多（占 80％～85％）。3～4 月龄的小公牛活重可达到 140～170kg，屠宰率为 67.5％。在良好的饲养条件下，哺乳期平均日增重 860～1 000g，公牛 10 月龄体重可达 408kg，12 月龄时达 480kg 左右，胴体产肉率 74％。

4. 繁殖性能 母牛一般初配年龄为 21 月龄，平均产犊 6.4 头，其初产牛的顺产率较高、难产率极低。我国 1974 年首次从法国引入利木赞牛用于改良本地牛，杂种后代体型改善，肉用特征明显，生长快，18 月龄的体重比本地黄牛高 31％，22 月龄屠宰率达 58％～59％，因而利木赞牛不仅可用于生产小牛肉和开发高档牛肉，还可改善黄牛臀部发育差的劣势，是优秀的父本品种。

（四）夏洛来牛

1. 原产地及分布 原产于法国中部的索恩-卢瓦尔省夏洛来地区和涅夫勒省，现分布在世界上 66 个国家和地区。

2. 外貌特征 被毛细长，毛色为白色；体格大，体质结实，肌肉丰满，后腿肌肉圆厚，并向后突出，形成"双肌"特征；头中等大，颜面部宽，嘴宽而方；角圆、长，向两侧并向前伸展，角为蜡黄色；颈粗、短，胸深，肋圆，背部肌肉厚；体躯呈圆筒状，四肢正直，蹄为蜡黄色。公牛常见有双鬐甲和背凹者。

成年夏洛来牛：公牛活重为 1 100～1 200kg，体高、体长和胸围分别为 142cm、180cm 和 244cm；母牛活重为 700～800kg，体高、体长和胸围分别为 132cm、165cm 和 203cm（王鸿英等，2010 年）。

3. 生产性能　生长速度快，眼肌面积大，瘦肉产量高。在良好的饲养条件下，平均日增重 1 000g，屠宰率一般为 60%～70%，眼肌面积为 82.90cm^2，胴体瘦肉率为 80%～85%。

4. 繁殖性能　母牛初情期为 396 日龄，初配年龄为 17～20 月龄，为降低难产率（难产率平均为 13.7%），原产地的初配年龄推迟到 27 月龄（同时要求母牛体重达 500kg 以上）（马学恩，2008 年）。用该品种与我国本地牛杂交来改良黄牛，夏杂后代体格明显增大，增长速度加快，杂种优势明显。

三、兼用牛品种

国外的兼用牛品种主要有西门塔尔牛、丹麦红牛等，国内的兼用牛品种主要有三河牛、中国草原红牛、新疆褐牛、中国西门塔尔牛等。

（一）西门塔尔牛

1. 原产地及分布　西门塔尔牛原产于瑞士阿尔卑斯山区，是大型乳肉兼用牛品种，全世界共有 4 000 多万头，主要分布在瑞士、法国、德国、奥地利等 75 个国家。

2. 外貌特征　头、胸部、腹下和尾帚多为白色，肩部和腰部有条状白毛片，被毛柔软而有光泽。毛色为黄白花或红白花。头长、面宽、眼大有神；角呈白色、细、向外向上弯曲，角尖稍向上；颈中等长，与鬐甲结合良好；体躯长，肋骨开张、有弹性，胸部发育好，尻部长而平，四肢端正结实，大腿肌肉发达；乳房发育较好，向后伸展。

成年西门塔尔牛：公牛体重 1 000～1 300kg，母牛体重 650～700kg；公牛体高 142～150cm，母牛体高 134～142cm。犊牛初生重为 30～45kg。

3. 生产性能　平均年产奶量为 3 500～4 500kg，乳脂率 3.64%～4.13%，日增重可达 1 000～1 500g，屠宰率为 60% 左右。

4. 繁殖性能　常年发情，情期受胎率在 69% 以上，妊娠期 284d，成年母牛难产率低；种公牛能生产的精液量较大。

（二）丹麦红牛

1. 原产地及分布　丹麦红牛的原产地是丹麦的西兰岛、菲英岛及洛兰岛，目前分布于全世界许多国家。

2. 外貌特征　毛色为红色及深红色，鼻镜为瓦灰色至深褐色。体格大，体躯深、长，胸宽，背长，腰宽，尻宽平，四肢结实。乳房大、发育匀称。常见有背线稍凹、后躯隆起的个体。全身肌肉发育中等。皮肤薄、有弹性。

3. 生产性能　产奶量高，产肉性能好。平均年产奶量 6 712kg，乳脂率 4.31%，乳蛋白率 3.49%；平均日增重约 800g，屠宰率一般为 54%～57%。

4. 繁殖性能　性成熟早，目前被许多国家引进。1984 年我国首次引进丹麦红牛 30 余头，繁育在吉林省畜牧兽医科研所和西北农业大学等单位。在甘肃庆阳市、陕西省关中地区、内蒙古赤峰市、宁夏、吉林、辽宁瓦房店市、河南等地区同当地黄牛杂交，杂种牛体格增大，产奶性能大幅度提高，抗病力强，适应性好，取得显著的效果。

（三）国内的兼用品种

国内的兼用品种主要有三河牛、中国草原红牛、新疆褐牛、中国西门塔尔牛等，其原产地及分布等相关信息详见表 2-1。

表 2-1　国内兼用牛品种

品种	原产地及分布	外貌特征	生产性能	主要特点及培育过程
三河牛	原产于内蒙古呼伦贝尔草原的三河地区。主要分布在呼伦贝尔及邻近地区的农牧场。目前大约有 11 万头	被毛为界限分明的红白花，头白色或有白斑，腹下、尾尖及四肢下部为白色。角向上前方弯曲。体格较大，平均活重公牛 1 050kg、母牛 547.9kg。犊牛初生重公犊 35.8kg、母犊 31.2kg	平均年产奶量为 2 500kg 左右，在较好的饲养条件下可达 4 000kg。乳脂率 4.10%～4.47%。产肉性能良好，2～3 岁公牛屠宰率为 50%～55%	耐粗饲，耐严寒，抗病力强。生产性能不稳定，后躯发育欠佳。是我国培育的第一个乳肉兼用牛品种，含西门塔尔牛的血统。1986 年 9 月 3 日通过验收，并由内蒙古自治区政府批准正式命名为"三河牛"
中国草原红牛	原产于吉林、辽宁、河北和内蒙古。主要分布在吉林白城地区，内蒙古赤峰市、锡林郭勒盟南部和河北张家口地区。目前大约有 14 万头	毛色多为深红色，少数牛腹下、乳房部分有白斑，尾帚有白毛。全身肌肉丰满，结构匀称。乳房发育较好。成年公牛体重 825.2kg，成年母牛体重 482kg。犊牛初生重公犊 31.9kg、母犊 30.2kg	泌乳期 220d，年平均产奶量 1 662kg，乳脂率 4.02%，最高个体产奶量为 4 507kg。18 月龄的阉牛，经放牧育肥，屠宰率为 50.8%。短期催肥后屠宰率为 58.1%	耐粗抗寒，适应性强。生产性能不稳定，后躯发育欠佳。1985 年 8 月 20 日，经农牧渔业部授权吉林省畜牧厅，在赤峰市对这品种进行了验收，正式命名为"中国草原红牛"。含有乳肉兼用型短角牛血统
新疆褐牛	原产于新疆伊犁、塔城等地区。主要分布于全疆。现有牛数约 45 万头	被毛为深浅不一的褐色，额顶、角基、口轮周围及背线为灰白色或黄白色。肌肉丰满。头清秀，嘴宽。角大小中等，向侧前上方弯曲，呈半椭圆形。成年公牛体重 951kg，成年母牛体重 431kg	舍饲条件下年平均产奶量 2 100～3 500kg，高的可达 5 162kg，乳脂率 4.03%～4.08%。放牧条件下，2 岁以上牛的屠宰率为 50%以上	适应性好，耐严寒和酷暑，抗病力强，宜于放牧，体型外貌好。但其生产性能尚不稳定。1983 年经新疆畜牧厅评定验收并命名为"新疆褐牛"。含有瑞士褐牛血统
中国西门塔尔牛	建立有山区、草原、平原类群，核心群达 2 万头，在太行两麓半农半牧区已经建立了 40 万头杂交繁育区，在皖北、豫东、苏北农区建立了 25 万头改良区，在松辽平原、科尔沁草原建立了 50 万头级进杂交改良群体	毛色为红（黄）白花，花斑分布整齐，头部白色或带眼圈，尾帚、四肢和肚腹为白色，角外展，角蹄蜡黄色，鼻镜肉色，乳房发育良好，结构均匀紧凑	成年公牛体重 850～1 000kg、体高 145cm，成年母牛体重 550～650kg、体高 130cm。育种核心群 2 178 头，年平均产奶量为 4 300kg，乳脂率 4.03%。最高个体产奶量达 11 740kg，乳脂率 4.0%。中国西门塔尔牛产肉性能良好	中国西门塔尔牛具有适应性强、耐高寒、耐粗饲、寿命长等特点，抗逆性强，适宜在我国广大地区饲养。是 20 世纪 50 年代至 80 年代初，集中引进欧洲西门塔尔牛，在中国的生态条件下，经过与本地黄牛级进杂交选育而成的。2001 年 10 月通过国家品种审定，目前有山地型、草原型、平原型三大类群

资料来源：刘太宇 等，养牛生产技术，3 版，2015。

四、中国黄牛

中国黄牛是我国固有的、长期以役用为主的黄牛群体的总称，泛指除水牛、牦牛以外的所有家牛。中国黄牛广泛分布于各省和自治区。根据《中国牛品种志》按"地理分布区域"对黄牛的划分，中国黄牛包括中原黄牛、北方黄牛和南方黄牛三大类型，就体型大小而言，中原黄牛最大，北方黄牛次之，南方黄牛最小。下面介绍我国五大良种黄牛品种（南阳牛、秦川牛、晋南牛、鲁西牛、延边牛，详见表 2-2），它们大多具有适应性强、耐粗饲、牛肉风味好等优点，属于役肉兼用体型，后躯欠发达，成熟晚、生长速度慢。其他黄牛品种可参阅《中国牛品种志》。

表 2-2　中国五大良种黄牛品种

品种	原产地	外貌特征	生产性能	杂交效果
南阳牛	产于河南省南阳地区白河和唐河流域的广大平原地区。现有 145 万头	毛色以深浅不一的黄色为主，另有红色和草白色，面部、腹下、四肢下部毛色较浅。体型高大，结构紧凑，公牛多为萝卜头角，母牛角细。鬐甲较高，肩部较突出，公牛肩峰 8～9cm，背腰平直，荐部较高，额部微凹，颈短厚而多皱褶。部分牛胸欠宽深，体长不足，尻部较斜，乳房发育较差	产肉性能良好，15 月龄育肥牛屠宰率 55.6%，净肉率 46.6%，眼肌面积 92.6cm^2	全国已有 22 个省引入，杂交后代适应性、采食性和生长能力均较好
秦川牛	因产于陕西关中的"八百里秦川"而得名。现群体总数约 80 万头	体型高大，骨骼粗壮，肌肉丰厚，体质强健，前躯发育良好，具有役肉兼用牛的体型。角短而钝、多向外下方或向后稍弯。毛色多为紫红色及红色。鼻镜肉红色。部分个体有色斑。蹄壳和角多为肉红色。公牛颈上部隆起，鬐甲高而厚，母牛鬐甲低，荐骨稍隆起。缺点是后躯发育较差，常见有尻稍斜的个体	在中等饲养水平下，18 月龄时的平均屠宰率为 58.3%，净肉率为 50.5%	全国有 21 个省、自治区曾引进秦川公牛改良本地黄牛，效果良好
晋南牛	主产于山西省西南部的运城、临汾地区。现有 66 万余头	毛色以枣红色为主，红色和黄色次之。鼻镜粉红色。体型粗大，体质结实，前躯较后躯发达。额宽，顺风角，颈短粗，垂皮发达，肩峰不明显，胸宽深，臀端较窄，乳房发育较差	18 月龄时屠宰，屠宰率 53.9%。经强度育肥后屠宰率 59.2%。眼肌面积 79.00cm^2	曾用于四川、云南、陕西、甘肃、安徽等地的黄牛改良，效果良好
鲁西牛	主产于山东省西南部的菏泽、济宁地区	毛色以黄色为主，多数牛具有"四粉"特征，即眼圈、口轮、腹下与四肢内侧毛色较浅，呈粉色。公牛多平角或龙门角；母牛角形多样，以龙门角居多。公牛肩峰宽厚而高。垂皮较发达。尾细长，尾毛多扭生如纺锤状。体格较大，但日增重不高，后躯欠丰满	18 月龄育肥公、母牛平均屠宰率为 57.2%，净肉率为 49.0%，眼肌面积 89.1cm^2	
延边牛	主产于吉林省延边朝鲜族自治州的延吉、和龙、汪清、珲春及毗邻各县，分布于吉林、辽宁、黑龙江等省	牛头方，额宽，角基粗大，多向外后方伸展成"一"字形或倒"八"字形。母牛角细而长，多为龙门角。毛色为深浅不一的黄色，鼻镜呈淡褐色，被毛长而密。胸部宽深，皮厚而有弹力。公牛颈厚隆起，母牛乳房发育良好	18 月龄育肥牛平均屠宰率 57.7%，净肉率 47.2%，眼肌面积 75.8cm^2	耐寒、耐粗，抗病力强，适应性良好。善走山路

资料来源：刘太宇 等，养牛生产技术，3 版，2015。

五、水牛

水牛是热带、亚热带地区特有的畜种，全世界水牛共有 14 200 万头，96.5% 分布于亚太地区。其中，印度最多，有 7 700 万头；其次是我国，约有 2 200 万头。水牛是热带、亚热带地区的主要役畜，也有较好的乳用、肉用性能，同时又有较强的耐热、耐苦、耐粗饲、抗病能力，对当地的农业及畜牧业生产有重要经济价值。主要的水牛品种有摩拉水牛、尼里-拉菲水牛、中国水牛。

第二节　牛的生产力评定

牛的生产力（production performance）是指牛生产各种产品或使役的能力，是评定其品种优劣的重要依据。通常以产品的数量、质量或役力强弱来比较。

一、奶牛的产奶性能评定

奶牛的产奶性能即奶牛的生产性能，主要包括奶牛的个体产奶量、群体产奶量、乳脂率、前乳房指数、饲料转化率、产奶指数等。

（一）个体产奶量

1. 日产奶量　指一头奶牛每天的产奶量。

2. 305d 产奶量　305d 产奶量指一头奶牛自产犊第 1 天开始到第 305 天为止的产奶总量。产奶时间不足 305d 者，按实际产奶量计算，并注明天数（d）；产奶天数超过 305d 者，305d 以后的产奶量不计在内。

校正 305d 产奶量：在进行奶牛育种工作时，有时要统计每头种公牛所有女儿的 305d 产奶量，这时需要对泌乳天数不足 305d 或超过 305d 的进行校正，校正系数由中国奶业协会统一制订，使 240～370d 产奶量记录的奶牛可统一乘以相应系数，获得理论的 305d 产奶量。校正系数见表 2-3 和表 2-4，计算时按 5 舍 6 进制，例如 325d 按 320d 计算，326d 按 330d 计算。

表 2-3　泌乳期不足 305d 的校正系数

胎次	实际泌乳天数（d）							
	240	250	260	270	280	290	300	305
第 1 胎	1.182	1.148	1.116	1.086	1.055	1.031	1.011	1.000
2～5 胎	1.165	1.133	1.103	1.077	1.052	1.031	1.011	1.000
6 胎及以上	1.155	1.123	1.094	1.070	1.047	1.025	1.009	1.000

资料来源：昝林森，牛生产学，3 版，2017。

表 2-4　泌乳期超过 305d 的校正系数

胎次	实际泌乳天数（d）							
	305	310	320	330	340	350	360	370
第 1 胎	1.000	0.987	0.965	0.947	0.924	0.911	0.895	0.881

（续）

胎次	实际泌乳天数（d）							
	305	310	320	330	340	350	360	370
2～5胎	1.000	0.988	0.970	0.952	0.936	0.925	0.911	0.904
6胎及以上	1.000	0.988	0.970	0.956	0.940	0.928	0.916	0.893

资料来源：昝林森，牛生产学，3版，2017。

3. 全泌乳期实际产奶量　指一头奶牛自产犊第1天开始到干奶为止的产奶总量。

4. 年度产奶量　指1月1日至本年度12月31日的全年产奶量（包括干奶期）。

5. 终生产奶量　指一头奶牛从开始产犊到最后淘汰时，各胎次实际产奶量（其全泌乳期实际产奶量）的总和。

（二）群体产奶量

群体产奶量是某奶牛场全群成母牛产奶量的统计，它反映该牛群整体产奶遗传性能的高低，也反映牛场的饲养管理水平。群体产奶量是以年度为基础统计和计算的平均值，如2018年某牛群的群体产奶量是从2018年1月1日至2018年12月31日全群应产奶牛365d的产奶量。

（三）乳脂率

乳脂指牛奶中所含的脂肪，乳脂率指牛奶中所含脂肪的百分率。使用现代红外线牛奶成分分析仪测定乳成分可实现测定过程全部自动化，可同时测定脂肪、蛋白质、乳糖和总干物质的含量。

与乳脂率相关的有2个名词：标准乳、乳脂校正乳。

标准乳：将乳脂率为4%的乳称为标准乳。

乳脂校正乳（fat corrected milk，FCM）：通常将不同乳脂含量的乳校正到含乳脂4%的标准状态，校正后含乳脂4%的乳称乳脂校正乳。计算公式如下：

$$4\%FCM = M(0.4 + 15 \times F)$$

式中：M 为乳脂率为 F 的奶量；F 为牛奶的实际乳脂率。

（四）前乳房指数

$$前乳房指数 = 前两个乳区的挤奶量/总挤奶量 \times 100\%$$

常用前乳房指数表示乳房对称程度，优良奶牛品种的前乳房指数一般在45%以上。

（五）饲料转化率

奶牛饲料转化率（feed efficiency，FE）的高低，是评定奶牛生产性能的指标之一。饲料转化率一般用每千克饲料干物质生产多少千克标准乳［3.5%乳脂校正乳（3.5% FCM）或能量校正乳（energy corrected milk，ECM）］来表示。不同泌乳阶段奶牛饲料转化率的合理范围见表2-5。

表2-5　不同泌乳阶段奶牛饲料转化率的合理范围

牛只类别	泌乳日（d）	饲料转化率（ECM计算值，%）
混群，全群平均	150～225	1.4～1.6

（续）

牛只类别	泌乳日（d）	饲料转化率（ECM 计算值，%）
头胎牛	<90	1.5～1.7
头胎牛	>200	1.2～1.4
2 胎及以上牛	<90	1.6～1.8
2 胎及以上牛	>200	1.3～1.5
新产牛	<21	1.3～1.6
病牛	150～200	<1.3

资料来源：昝林森，牛生产学，3 版，2017。

（六）产奶指数

产奶指数指成年母牛（5 岁以上）一年（一个泌乳期）平均产奶量（kg）与其平均活重之比，是判断牛产奶能力高低的一个有价值的指标。一般奶牛大于 7.9，肉牛小于 2.4。

二、肉牛的产肉性能评定

肉牛产肉性能主要包括生长性能和胴体品质。

（一）生长性能

1. 日增重 测定日增重时，要定期测量各阶段的体重，常测的指标有初生重、断奶重、12 月龄重、18 月龄重、24 月龄重、育肥初始重和育肥末重。称重一般应在早晨饲喂及饮水前进行，连续称 2d，取其平均值。

2. 饲料转化率 即料重比，增重 1kg 消耗饲料干物质（kg）＝饲养期内消耗饲料干物质总量/饲养期内绝对增重量。

（二）胴体品质

1. 重量 测定项目及方法详见表 2-6。

表 2-6 重量测定项目及方法

测定项目	测定方法
宰前重	宰前绝食 24h 后的活重
宰后重	屠宰放血以后的体重
血重	宰时所放出的血液重量，或宰前重与宰后重的重量差
胴体重	放血后除去头、尾、皮、蹄（肢下部分）和内脏所余体躯部分的重量，并注明肾及其周围脂肪重；在国内，胴体重包括肾及肾周脂肪重
净体重	放血后，除去胃肠和膀胱内容物后的总体重量
胴体骨重	将胴体中所有的骨骼剥离后的骨重
胴体脂重	胴体内、外侧表面及肌肉块间可剥离的脂肪总重量
胴体肉重（净肉重）	胴体除去剥离的骨、脂，所余部分的重量

2. 胴体形态 测定主要项目及方法详见表 2-7。

表 2-7 胴体形态测定主要项目及方法

测定项目	测定方法
背膘厚度（背脂厚）	第 5~6 胸椎间、离背中线 3~5cm、相对于眼肌最厚处的皮下脂肪厚度
腰膘厚度（腰脂厚）	第 12~13 胸椎间、离背中线 3~5cm、相对于眼肌最厚处的皮下脂肪厚度
眼肌面积	为 12~13 肋间的眼肌面积，先用钢锯沿第 12 胸椎后前缘锯开。用利刀沿第 12~13 间切开，然后再用硫酸纸在第 12 胸椎后缘处将眼肌面积画出，并用求积仪求其面积

3. 产肉能力的主要指标 包括屠宰率、净肉率、胴体净肉率、肉骨比和肉脂比等。

（1）屠宰率：屠宰率＝胴体重/宰前重×100%。

（2）净肉率：净肉率＝胴体净肉重/宰前重×100%。

（3）胴体净肉率：胴体净肉率＝胴体净肉重/胴体重×100%。

（4）肉骨比：肉骨比＝胴体肉重（净肉重）/胴体骨重。

另外，在高档牛肉产出方面，研究表明超声波测定可以在活牛阶段确定牛肉商品质量状态。美国等国家已经借助超声波技术将宰后被动分级牛肉商品上升为宰前主动分级生产，实现了根据市场需求人为控制各级产品的生产比率（根据超声波测定结果选择所需级别的活牛进行屠宰），大幅度提高肉牛养殖屠宰企业的效益。

4. 肉质 肉质评定主要项目及方法详见表 2-8。

表 2-8 肉质评定主要项目及方法

评定项目	测定方法
肉色	以屠宰排酸 24h 后背最长肌为材料，在白天室内正常光照条件下仔细观察第 12~13 肋骨间背最长肌横切面的颜色，用标准肉色比色卡进行比照划分等级。肉色等级按颜色深浅分为 8 个等级，其中肉色为 4、5 两级最好
嫩度	指肉在食用时口感的老嫩，通常用剪切力值来表示，常采用嫩度测定仪测定剪切力值。正常肉平均剪切力值越高表示肉越老化，剪切力值越低则肉越嫩
pH	反映宰杀后肉糖原酵解速率的重要指标。测定方法有两种。一种是用仪器直接测定肌肉 pH：采用 pH 计，将探头插入肌肉内，待读数稳定 5s 以上，记录 pH（屠宰后 45~60min 内测定）。另一种是采样后测定：用刀片切取肉样 30g，加 30mL 蒸馏水，置于组织捣碎机中捣碎，过滤后取滤液，用酸度计测定其 pH（宰后 2h 内进行完毕）
风味	肉风味的差异主要来自脂肪的氧化，这是因为不同种动物脂肪酸组成明显不同，由此造成氧化产物及风味的差异
保水力（系水力）	当肌肉受到外力作用（如加压、切碎、加热、冷冻、融冻、储存和加工等）时，保持原有水分和添加水分的能力，也称为持水性，测定方法是在一定机械压力下一定时间的重量损失率
大理石纹	肌肉大理石纹反映肌肉纤维之间脂肪的含量和分布，是影响肉口味的主要因素

◆ 思 考 题

1. 详述主要乳用牛品种（荷斯坦牛、娟姗牛）的外貌特征和生产性能。

2. 详述主要肉用牛品种（安格斯牛、利木赞牛）的外貌特征和生产性能。

3. 详述主要兼用牛品种（西门塔尔牛、丹麦红牛）的外貌特征和生产性能。

4. 中国黄牛主要有哪些品种？

5. 奶牛生产力评定指标有哪些？如何测量？

6. 肉牛生产力评定指标有哪些？如何测量？

第三章 牛的日粮配合和饲养管理

第一节 牛的日粮配合

一、牛的常用饲料

传统的养牛业以放牧或饲喂单一的饲料形式出现，这种经营方式往往造成养牛生产水平低下，经济效益差，饲草浪费和草地退化。随着科学技术的不断提高，可以作为牛饲料的种类越来越多，这些饲料包括青绿饲料、青贮饲料、粗饲料、蛋白质饲料、维生素饲料、矿物质饲料、添加剂饲料等。

二、奶牛的日粮配合

日粮配合的方法有电脑配方设计和手工计算法。电脑配方设计是应用专业饲料配方软件通过线性规划、多目标规划和参数规划等原理，优化出营养全价、价格最低的饲料配方。但从目前情况来看，利用计算机优化饲料配方仅在一些大中型养牛企业或饲料企业中采用，而广大中小型养殖场（户）主要采用手工计算法。因此，本书仅介绍常规手工计算法。

（一）奶牛日粮配合的原则

1. 奶牛饲养标准及饲料营养价值表 这是奶牛日粮配合的主要依据，最好结合实际情况和养牛经验做必要调整。

2. 奶牛日粮中粗料比例 应在40%～60%，即日粮中粗纤维含量应占干物质15%～24%，才会保证牛体健康。为了保证奶牛有足够的采食量，日粮中应保证有足够的容积和干物质含量。高产奶牛（日产奶量20～30kg）的干物质需要量为体重的3.3%～3.6%，中产奶牛（日产奶量15～20kg）为2.8%～3.3%，低产奶牛（日产奶量10～15kg）为2.5%～2.8%。

3. 奶牛的精饲料喂量 在奶牛生产中，一般按奶牛维持需要3kg，然后每产3kg奶加喂1kg精饲料来确定。食盐占精饲料的1%～2%。

4. 奶牛的日粮原料 尽量多样化，进而发挥不同饲料之间的营养互补作用，同时应适口性好，否则会由于适口性差、奶牛采食量不够而影响。

5. 当地的饲料资源 在选择日粮原料时要结合要求在满足奶牛营养需要的同时，尽量降低饲料成本，争取最大的经济效益。

（二）奶牛日粮配合的方法

1. 查奶牛饲养标准　根据牛的年龄、体重、生理状态和生产水平，选择相应的饲养标准。饲养标准需要调整时，先确定能量指标，然后根据饲养标准中能量和其他营养物质的比例关系，调整其他营养物质的需要量。列出奶牛每天的营养需要量表。

2. 计算或设定每天给予的粗饲料的数量　高产奶牛的粗饲料干物质消耗量占其体重的 1.6%，低产奶牛的粗饲料干物质消耗量占其体重的 2%。根据确定的粗饲料的摄入量，计算出粗饲料提供的能量、蛋白质等营养成分。

3. 计算需要精饲料提供的营养量　从总营养需要量中扣除粗饲料所提供的那部分营养得出需精饲料提供的营养。根据对能量的需求确定所需精饲料的量。

4. 查饲料营养成分表　根据当地的饲料资源确定参配饲料种类并查出饲料营养成分，进行合理搭配，确定精饲料配方。

5. 调整钙、磷的含量　首先用含磷高的饲料调整磷的含量，再用碳酸钙（石粉、贝壳粉）调整钙的含量。

6. 确定补加微量元素和多种维生素的量　一些特殊用途的添加剂也由此确定添加。

（三）手工计算法示例

为体重 550kg，日产 30kg、乳脂率 3.5% 奶的奶牛配制日粮。可用饲料为青贮玉米秸、羊草、玉米、麸皮、豆饼、棉籽饼、磷酸氢钙、石粉、食盐、预混料等。

1. 查饲养标准及饲料营养成分表　列出必要的营养需要和饲料营养成分，见表 3-1、表 3-2。

表 3-1　奶牛营养需要量

项目	日粮干物质（kg）	奶牛能量单位（个）	可消化粗蛋白质（g）	钙（g）	磷（g）
550kg 体重维持需要	7.04	12.88	341	33	25
日产 30kg、乳脂率 3.5% 奶需要	11.70	27.90	1 560	126	84
合计	18.74	40.78	1 901	159	109

表 3-2　饲料营养成分含量（每千克饲料基础）

饲料种类	干物质（%）	奶牛能量单位（个）	可消化粗蛋白质（g）	钙（g）	磷（g）
青贮玉米秸	22.7	0.36	8	1.0	0.6
羊草	91.6	1.38	37	3.7	1.8
玉米	88.4	2.76	59	0.8	2.1
麸皮	88.6	1.91	109	1.8	7.8
豆饼	90.6	2.64	366	3.2	5.2
棉籽饼	89.6	2.34	263	2.7	8.1
磷酸氢钙	100	0	0	230	160
石粉	100	0	0	380	0

2. 确定奶牛粗饲料用量及食入的营养　粗饲料干物质采食量占日粮干物质的 40% 以

上，粗饲料干物质采食量每天为 7.5kg 以上（18.74×40％＝7.5），因此确定每天饲喂青贮玉米秸 20kg、羊草 3.5kg，可获得营养物质如表 3-3 所示。

表 3-3　初拟粗饲料的营养

饲料种类	数量（kg）	干物质（kg）	奶牛能量单位（个）	可消化粗蛋白质（g）	钙（g）	磷（g）
青贮玉米秸	20	20×0.227＝4.54	20×0.36＝7.2	20×8＝160	20×1.0＝20	20×0.6＝12
羊草	3.5	3.5×0.916＝3.21	3.5×1.38＝4.83	3.5×37＝129.5	3.5×3.7＝12.95	3.5×1.8＝6.3
合计		7.75	12.03	289.5	32.95	18.3
与需要量相比		−10.99	−28.75	−1 611.5	−126.05	−90.7

3. 初拟精料混合料配方　根据精饲料所需量及前面所讲知识和实践经验，初拟精饲料各原料用量（kg）：玉米 5.5、麸皮 2.0、豆饼 2.0、棉籽饼 2.0、磷酸氢钙 0.2、石粉 0.1、食盐 0.1、预混料 0.1。

表 3-4　初拟奶牛精饲料的营养

饲料种类	数量（kg）	干物质（kg）	奶牛能量单位（个）	可消化粗蛋白质（g）	钙（g）	磷（g）
玉米	5.5	5.5×0.884＝4.86	5.5×2.76＝15.18	5.5×59＝324.5	5.5×0.8＝4.4	5.5×2.1＝11.5
麸皮	2.0	2.0×0.886＝1.77	2.0×1.91＝3.82	2.0×109＝218	2.0×1.8＝3.6	2.0×7.8＝15.6
豆饼	2.0	2.0×0.906＝1.81	2.0×2.64＝5.28	2.0×366＝732	2.0×3.2＝6.4	2.0×5.2＝10.4
棉籽饼	2.0	2.0×0.896＝1.79	2.0×2.34＝4.68	2.0×263＝526	2.0×2.7＝5.4	2.0×8.1＝16.2
磷酸氢钙	0.2	0.2	0	0	0.2×230＝46	0.2×160＝32
石粉	0.1	0.1	0	0	0.1×380＝38	0
食盐	0.1	0.1	0	0	0	0
预混料	0.1	0.1	0	0	0	0
合计	12	10.73	28.96	1 800.5	103.8	85.7
与需要量相比		−0.26	＋0.21	＋189.0	−22.25	−5

4. 调整　由表 3-4 可知，与营养需要相比，能量已基本满足需要，而蛋白质偏高，可用玉米代替豆饼，1kg 玉米代替 1kg 豆饼则蛋白质减少 307g（366−59＝307g），则需用 0.62kg（189÷307）的玉米代替等量的豆饼。此时玉米的用量为 6.12kg（5.5＋0.62），豆饼的用量改为 1.38kg（2−0.62）。

再看钙和磷，可知钙、磷都不足，由于干物质用量尚缺，所以可适当增加磷酸氢钙和石粉用量。先用磷酸氢钙补磷。

磷酸氢钙用量＝5/0.16（每克磷酸氢钙中含磷量）＝31.25（g）≈0.03kg。

磷酸氢钙含钙量＝0.03×230＝6.9（g），尚缺钙量＝22.25−6.9＝15.35（g）。

用石粉补充钙。

石粉用量＝15.35/0.38（每克石粉含钙量）＝40.39（g）≈0.04kg。

因此磷酸氢钙最终用量为 0.2＋0.03＝0.23（kg），石粉最终用量为 0.1＋0.04＝

0.14（kg）。

最后精料混合料用量为玉米 6.12kg、麸皮 2.0kg、豆饼 1.38kg、棉籽饼 2.0kg、磷酸氢钙 0.23kg、石粉 0.14kg、食盐 0.1kg、预混料 0.1kg，共计 12.07kg。

5. 列出配方 体重 550kg，日产 30kg、乳脂率 3.5％ 奶的奶牛日粮组成为羊草 3.5kg、青贮玉米秸 20kg、精料混合料 12.07kg。精料混合料组成：玉米 50.70％、麸皮 16.57％、豆粕 11.44％、棉粕 16.57％、磷酸氢钙 1.90％、石粉 1.16％、食盐 0.83％、预混料 0.83％。营养水平：奶牛能量单位 41.06 个，可消化粗蛋白质 1 900g，钙 157g，磷 107g。

三、肉牛的日粮配合

举例：用青贮玉米秸、玉米、麸皮、棉籽饼、磷酸氢钙、石粉、食盐为体重 300kg、日增重 1.2kg 的育肥牛配合日粮。

1. 查饲养标准及饲料营养成分表 从肉牛营养需要表查出体重 300kg、日增重 1.2kg 的育肥牛的营养需要，列入表 3-5；所用饲料的营养成分含量列入表 3-6。

表 3-5 肉牛营养需要量

体重 （kg）	日增重 （kg）	干物质 （kg）	肉牛能量单位 （个）	粗蛋白质 （g）	钙 （g）	磷 （g）
300	1.2	7.64	5.69	860	38	19

表 3-6 饲料营养成分含量（每千克饲料基础）

饲料种类	干物质 （％）	肉牛能量单位 （个/kg）	粗蛋白质 （％）	钙 （％）	磷 （％）
玉米	88.4	1.00	8.60	0.08	0.21
麸皮	88.60	0.73	14.40	0.18	0.78
棉籽饼	89.60	0.82	32.50	0.27	0.81
青贮玉米秸	22.7	0.12	1.60	0.10	0.06
磷酸氢钙	100	0	0	23.20	18.60
石粉	100	0	0	33.98	0

2. 初定各种饲料用量及营养物质含量 假设青贮玉米秸在日粮干物质中占 55％，玉米占 25％，麸皮占 10％，棉籽饼占 10％，则初定日粮中营养物质含量见表 3-7。

表 3-7 初定日粮中营养物质含量

饲料种类	用量 （kg）	干物质 （kg）	肉牛能量单位 （个）	粗蛋白质 （g）	钙 （g）	磷 （g）
玉米	2.16	1.91	2.16	185.8	1.73	4.54
麸皮	0.862	0.764	0.629	124.1	1.55	6.72
棉籽饼	0.853	0.764	0.699	277.2	2.30	6.91
青贮玉米秸	18.51	4.20	2.22	296.2	18.51	11.1

（续）

饲料种类	用量 （kg）	干物质 （kg）	肉牛能量单位 （个）	粗蛋白质 （g）	钙 （g）	磷 （g）
合计	22.39	7.64	5.71	883.3	24.09	29.27
与需要量相比		0	+0.02	+23.3	-13.91	+10.27

3. 调整　初定日粮中能量达到标准，而粗蛋白质超过标准，钙不足、磷超量。调整方法：因为麸皮和棉籽饼所含的能量差别不大，而粗蛋白质含量的差别较大，所以可用麸皮等量取代棉籽饼，使粗蛋白质符合标准，其取代量为：23.3÷（325-144）=0.129（kg）。将调整后的日粮列出，计算营养物质含量，见表 3-8。

表 3-8　调整后日粮营养物质含量

饲料种类	用量 （kg）	干物质 （kg）	肉牛能量单位 （个）	粗蛋白质 （g）	钙 （g）	磷 （g）
玉米	2.16	1.91	2.16	185.8	1.73	4.54
麸皮	0.991	0.878	0.723	142.7	1.78	7.73
棉籽饼	0.724	0.649	0.594	235.3	1.96	5.86
青贮玉米秸	18.51	4.20	2.22	296.2	18.51	11.1
合计	22.39	7.64	5.70	860	23.98	29.23
与需要量相比		0	+0.01	0	-14.02	+10.23

矿物质中虽未添加磷酸氢钙，磷却已超量，按照钙：磷为 2：1 的饲养标准，应将钙补充到 58.46g，故应添加石粉的量为（58.46-23.98）÷339.8=0.10（kg）。精料混合料中应添加 1% 的食盐，约 40g；还要添加 1% 的肉牛预混料，约 40g。

4. 列出配方　本例育肥牛日粮配方为：青贮玉米秸 18.51kg，玉米 2.16kg，麸皮 0.991kg，棉籽饼 0.724kg，石粉 0.10kg，食盐 40g，1% 的肉牛预混料 40g。精料混合料的百分组成为：玉米 53.26%，麸皮 24.44%，棉籽饼 17.85%，石粉 2.5%，食盐 1%，添加剂 1%。

第二节　奶牛的饲养管理

一、泌乳牛各阶段的饲养管理

（一）围产期奶牛的饲养管理

围产期是指母牛分娩前后各 21d 这段时间。围产期可分围产前期和围产后期。围产前期指产前 21d 至分娩的时间段；围产后期指分娩至产后 21d 的时间段，围产后期的奶牛也称为新产牛。

1. 围产前期　产前 21d 的牛只转入清洁、消过毒的产房，饲喂日粮以优质干草为主，逐渐增加精饲料（精饲料以达到体重的 1% 为限），临产前 3d 适当增加精饲料中麸皮的含量，以防止便秘。发现奶牛有临产症状，即表现腹痛、不安、频频起卧，应采用 0.1% 高锰酸钾溶液擦洗生殖道外部，根据临产症状，采取相应措施，做好接产准备。

2. 分娩期 母牛分娩须保持产房安静、左侧躺卧，做好接产。分娩后应尽早驱使其站立，以利于子宫复位和防止子宫外翻。在产后 10～12h 胎衣不下者应及时处理。

3. 围产后期 产后 2h 开始让犊牛吃上初乳。母牛产后喂麸皮盐钙水（麦麸 1～2kg＋盐 100～150g＋碳酸钙 50～100g＋温水 15～20kg）；产后 2～3d 内喂青干草和少量以麸皮为主的混合料，3～5d 可逐渐增加精饲料和青贮饲料；产后前 1 周让母牛饮温水，之后可饮常温水。要加强乳房的热敷与按摩，留心观察是否有产后瘫痪、酮病、皱胃变位、酸中毒等代谢病。

（二）泌乳前期奶牛的饲养管理

泌乳前期是指产后 22～100d 的阶段，也称泌乳盛期。奶牛分娩后产奶量迅速上升，一般 5～8 周达到产奶高峰，此时虽然食欲逐渐恢复正常，但在 10～12 周干物质采食量才达到高峰，因此此期奶牛常常处于营养和能量负平衡状态。

精粗饲料比例为 65：35 的持续时间不超过 35d；饲喂过瘤胃蛋白含量高的饲料（如酒糟）特别有效。产后 30～35d 通过直肠检查判断母牛子宫恢复及卵巢变化情况，一般产后 42d 后若发情就要进行配种。

（三）泌乳中期奶牛的饲养管理

泌乳中期指分娩后 101～200d 的时间段。这个时期，奶牛食欲旺盛，处于采食量高峰期，具有较高的产奶量。

这一阶段的奶牛多处于妊娠早期和中期、产奶量逐渐下降、体况逐渐恢复的重要时期。日粮推荐给量：青绿饲料、青贮饲料每头每天 20kg 以上，糟渣类饲料不超过 20kg，干草 4～5kg，精料补充料给量为日产奶 15kg 给 6.0～7.0kg、日产奶 20kg 给 7.5～8.5kg、日产奶 30kg 给 8.5～9.5kg；精粗料比 40：60。坚持刷拭牛体、按摩乳房、加强运动、保证充足饮水，建立定期的消毒制度。

（四）泌乳后期奶牛的饲养管理

泌乳后期指分娩后 201d 至干奶前这段时间。该阶段奶牛处于妊娠中后期，产奶量逐步下降，体况得到恢复。据国外有关能量研究报道，泌乳后期的牛利用代谢能增重的效率为 61.6％，而在干奶期仅为 48.3％，因此泌乳后期是奶牛增加体重、恢复体况的最好时期，凡是泌乳前期体重消耗过多和瘦弱的牛，此期应适当提高日粮营养水平，让牛体稍有营养储备，而当进入干奶期时，牛的体况已基本恢复，这不仅有利于母牛健康，还可提高饲料转化率。

此时期泌乳量急剧下降，食入的营养主要用于维持、泌乳、修补体组织、胎儿生长和妊娠沉积等方面，日粮营养需要调整到：日粮干物质采食量占体重的 2.5％～3.5％，产奶净能 6.2kJ/kg，钙 0.4％～0.65％，磷 0.3％～0.5％，粗蛋白质 13％～14％，粗纤维 18％～20％，精粗料比 30：70。日粮推荐给量：青贮饲料每头每天 20kg，糟渣类饲料 10kg，干草 5～6kg，精料补充料给量 5.0～7.0kg。这一时期应单独配制日粮，单独饲喂，合理分群，做好保胎工作，防止流产，干奶前应进行一次直肠检查，以确定妊娠状况。积极参加全群的检疫工作，进行全群的修蹄。

（五）干奶期奶牛的饲养管理

泌乳牛产犊前 60d 停止挤奶至临产前的一段时间称为干奶期。干奶有利于乳腺机能恢复，奶牛在一个泌乳期产奶所分泌的干物质为体重的 3.64～4.16 倍，泌乳过程中，乳腺组织部分损伤、萎缩，干奶能使乳腺休整、恢复和使新腺泡形成和增殖，特别是乳腺上皮细胞得以充分休息和再生，为下一个泌乳期正常分泌做必要的准备；有利于胎儿发育，胎儿一半以上的生长是在妊娠期的最后 2 个月，这时需要较多的营养供应，干奶能使母体内有足够的营养物质供胎儿正常生长发育和增重，获得健壮的犊牛；有利于泌乳牛恢复体质，母牛在泌乳期营养多为负平衡，机体营养消耗多，干奶能补偿营养消耗，同时也可贮积大量营养物质，有利于母牛蓄积体力和体质恢复，以供下一次产奶需要；有利于集中治疗疾病，给泌乳期不便处理的疾病如隐性乳腺炎或代谢紊乱提供了集中治疗的时机。

日粮中青绿饲料、青贮饲料每头每天 8～10kg，糟渣类饲料不超过 5kg，优质干草 8～10kg。精料补充料给量：根据粗饲料的质量，适当搭配精饲料，每头每天 1.0～4.0kg，高产奶牛加喂到 5kg。做好保胎工作，防止流产、难产及胎衣滞留；坚持适当运动，但必须与其他牛群分开，以免互相顶撞造成流产；加强皮肤刷拭，保持皮肤清洁；按摩乳房，促进乳腺发育；干奶后期管理按照围产前期产房管理进行。

二、奶牛全混合日粮（TMR）的饲养技术

TMR（total mixed ration）为全混合日粮的英文缩写。所谓"TMR"就是根据牛群的营养需要（如粗蛋白质、粗纤维、矿物质和维生素等），把揉切短的粗饲料、精饲料和各种添加剂进行充分混合，将水分调整为 45% 左右而得到的营养平衡的日粮。

（一）全混合日粮饲养技术要点

1. 合理分群 采用全混合日粮饲养方式的奶牛场，要定期对个体牛的产奶量、乳成分、体况及牛奶质量进行检测，并将营养需要相似的奶牛分为一群。对于大多数奶牛场可将母牛分为三群，即高产牛群、中低产牛群和干奶牛牛群。

2. 经常检测日粮及其原料的营养含量 测定原料的营养成分是科学配制全混合日粮的基础。即使同一原料因产地、收割期及调制方法不同，其干物质含量和营养成分也有较大差异（如青贮饲料、干草等），所以应根据实测结果配制相应的全混合日粮。还必须经常检测全混合日粮的水分含量和奶牛实际的干物质采食量，以保证奶牛能食入足量的营养物质。一般全混合日粮水分含量以 35%～45% 为宜，过湿或过干的日粮均会影响奶牛干物质的采食量。据研究，全混合日粮中水分含量超过 50% 时，水分每增加 1%，干物质采食量按体重 0.02% 下降。

3. 科学配制日粮 在配制日粮时，除考虑奶牛产奶量和体况需要外，还应保证绝大多数牛在泌乳中期和后期摄取额外的营养物质，以补偿泌乳早期体重的损失，使初产牛或二胎牛在泌乳期有所增重。

4. 日粮的营养需要平衡和均匀 配制全混合日粮以营养浓度为基础，这就要求各原料组分必须计量准确，充分混合，并且防止精粗饲料组分在混合、运输或饲喂过程中分离。在国外为了使用全混合日粮，专门配备性能先进的饲料搅拌喂料车，它集饲料的混合和分发为一体，全混合日粮的饲喂过程由电脑进行控制。同时，为了保证日粮混合质量，还应制定科学的投料顺序和混合时间。投料顺序一般为：干草→精饲料（包括添加剂）→

青贮饲料。混合时间：转轴式全混合日粮混合机通常在投料完毕后再搅拌 5～6min，如若日粮无 15cm 以上粗饲料则搅拌 2～3min 即可。

5. 控制分料速度 采用混合喂料车投料，要控制车速（20km/h）和放料速度，以保证全混合日粮投料均匀。同时，每天投料 2 次以上，每次投料时饲槽要有 3%～5% 的剩料，以防牛只采食不足，影响产奶量。

6. 检查饲养效果 注意观察奶牛的采食量、产奶量、体况和繁殖状况，根据出现的问题及时调整日粮配方和饲喂工艺，并淘汰难孕牛和低产牛，以提高饲养效果。

（二）使用全混合日粮的注意事项

TMR 饲养技术主要适用于大型奶牛场，需要 TMR 加工车间及加工设备、饲料的计量等，投资较大。为保证所有原料均匀混合，长草等需要切割，切割机也要投资和运转。要经常调查、分析饲料原料营养成分的变化，特别要注意各种原料的水分变化。饲槽中应经常保持有饲料；饲养体制转变要有过渡期；时刻关注奶牛日采食量及体重的变化；保证 TMR 的营养平衡；应用 TMR 饲养技术，必须把牛群分成若干组，如高产组、中产组、低产组、干奶组、围产期组、青年牛组、育成牛组、犊牛组等，配制相应的 TMR。

第三节 肉牛的饲养管理

一、肉牛的生长发育规律

牛的产肉性能是受遗传基因决定、饲养管理条件制约，并在整个生长发育过程中逐步形成的。因此，除了选择好品种和改善管理条件以外，要提高每头牛的产肉量，改善肉的品质，必须充分认识牛的生长发育规律。

（一）体重增长规律

牛的初生重与遗传基础有直接关系。在正常的饲养管理条件下，初生重大的犊牛生长速度快、断奶重也大。一般肉牛在 8 月龄内生长速度最快，以后逐渐减慢，到了成年阶段（一般 3～4 岁）生长基本停止。据研究，牛的最大日增重是在 250～400kg 活重期间达到的，但也因日粮中的能量水平而异。

（二）体型变化规律

初生犊牛，四肢骨骼发育早（60%）而中轴骨骼发育迟（40%），因此牛体高而狭窄，臀部高于鬐甲。到了断奶（6～7 月龄）前后，体躯长度增长加快，高度次之，而宽度和深度稍慢，因此牛体增长，但仍显狭窄，前、后躯高差消失。断奶至 14 或 15 月龄，高度和宽度生长变慢，牛体进一步加长、变宽。15～18 月龄以后，体躯继续向宽深发展，高度停止，长度增长变慢，体形变得愈发浑圆。

（三）胴体组织变化规律

1. 机体内化学成分的变化 随着牛体生长和体重的增加，胴体中水分含量明显减少，蛋白质含量的变化趋势相同，只是幅度较小，胴体脂肪明显增加，灰分含量变化不大。

2. 胴体组织的变化 总的特点是：7～8 月龄骨骼发育最快，12 月龄以后逐渐变慢。内脏的发育也大致与骨骼相同，只是 13 月龄以后其相对生长速度超过骨骼。肌肉从 8 月龄至 16 月龄直线发育，以后逐渐减慢，12 月龄左右为其生长中心。脂肪则是从 12 月龄到 16 月龄急剧生长，但主要指体脂肪。而肌间和肌内脂肪的沉积要等到 16 月龄以后才会加速。胴体中各种脂肪的沉积顺序：皮下脂肪、肾脂肪、体腔脂肪和肌间脂肪。

（四）肉质变化规律

1. 肉的大理石纹 从 8 月龄至 12 月龄没有多大变化；但 12 月龄以后，肌肉中沉积脂肪的数量开始增加；到 18 月龄左右，大理石纹明显，五花肉形成。

2. 肉色及其他 12 月龄以前，肉色很淡，显粉红色；16 月龄以后，肉色显红色；到了 18 月龄以后肉色变为深红色。肉的纹理、坚韧性、结实性以及脂肪的色泽等变化规律和肉色相同。

二、肉牛的直线育肥

直线育肥（又称持续育肥）是指犊牛断奶后，立即转入育肥阶段进行育肥，一直到出栏。其优点是：缩短了生产周期，较好地提高了出栏率；改善了肉质，满足市场高档牛肉的需求；降低了饲养成本，提高了肉牛生产的经济效益；提高了草场载畜量，可获得较高的生态效益。

（一）直线育肥牛的选择

1. 品种 直线育肥，肉牛的品种十分重要，应选择早熟型品种。早熟型品种一般 16～18 个月即能达到 400～500kg 的出栏标准。可选择西门塔尔牛、利木赞牛、夏洛来牛、皮埃蒙特牛或兼用荷斯坦牛等优良公牛及其与本地母牛杂交改良所生的犊牛。

2. 性别、年龄与体重 一般选择初生重不低于 35kg、无缺损、健康状况良好的公牛犊。

3. 体型外貌 选择头方正、前低后高、尻部长平宽、前管围粗壮、蹄大的犊牛。

（二）直线育肥方案

直线育肥的日增重保持在 1～2kg，可以采用舍饲和放牧两种育肥方法。放牧直线育肥，要补充精饲料；舍饲直线育肥，一天喂 2～3 次，以喂 3 次效果更好。

1. 方案一 6 月龄断奶，体重 150kg，育肥 6 个月，12 月龄时体重达到 400kg。哺乳 45d 后，逐渐减少哺乳量，每天喂 0.25kg 奶，掺入玉米面、豆面，调成乳粥样，喂至 180d 后即可断奶，以后每天喂犊牛料 1.5～1.8kg，分 3 次饲喂，并供给优质干草和块根类饲料，有条件时可结合放牧。

体重 150～250kg 阶段：秸秆调制后自由采食，每头每天补喂苜蓿干草 0.5kg；当体重在 150～200kg 时每头每天喂精饲料 3.2kg，当体重在 200～250kg 时每头每天喂精饲料 3.8kg。混合精料配方：玉米 55%，棉籽饼 26%，麸皮 16%，贝壳粉 1.5%，食盐 1%，小苏打 0.5%。

体重 250～400kg 阶段：秸秆调制后自由采食，每头每天补喂苜蓿干草 0.8kg；其中体重 250～300kg 阶段日喂精饲料 4.0kg，体重 301～400kg 阶段日喂精饲料 4.2kg。混合精料配方：玉米 61%，棉籽饼 18%，麸皮 18%，贝壳粉 1.5%，食盐 1.0%，小苏打 0.5%。

2. 方案二 3～6 月龄（体重 70～166kg）：每头每天采食青干草 1.5kg，青贮饲料

1.8kg，日喂精饲料 2kg。

7～12 月龄（体重 167～328kg）：每头每天采食青干草 3kg，青贮饲料 8kg，日喂精饲料 4kg。

13～18 月龄（体重 329～472kg）：每头每天采食青干草 4kg，青贮饲料 8kg，日喂混合精饲料 4kg。混合精料配方：玉米 40%，棉籽饼 30%，麸皮 20%，鱼粉 4%，贝壳粉 2%，食盐 0.6%，微量元素维生素复合添加剂 0.4%，沸石 3%。

12～18 月龄是育肥的最佳阶段，舍饲以优质苜蓿草为好，也可喂优质谷草粉或干草、玉米青贮及混合饲料。在条件允许时，争取多放牧，以促进日增重。

（三）直线育肥牛的管理

1. 饲喂与饮水　舍饲育肥犊牛日饲喂 3 次，先喂草料，再喂配料，最后饮水。注意禁止饲喂带冰的饲料和饮用冰冷的水，寒冬季节要饮温水。一般在喂后 1h 饮水。

2. 驱虫与健胃　育肥牛 6 月龄时，用伊维菌素注射液进行驱虫处理。伊维菌素注射液的用量为每千克体重 0.2g。10～12 月龄用左旋咪唑或虫克星驱虫 1 次。左旋咪唑每头口服剂量为每千克体重 8mg；虫克星每头口服剂量为每千克体重 0.1g。注意，驱虫后 2～5h 内，必须有专人值班，监测牛只，一旦发现异常，应立即进行解毒处理。12 月龄时，用"人工盐"或健胃散等健胃药品健胃 1 次。

3. 刷拭与消毒　日常每日刷拭牛体 1 次，以促进血液循环、增进食欲、保持牛体卫生，饲养用具也要经常洗刷消毒。

4. 疫病防治　要按时搞好疫病防治，经常观察牛采食、饮水和反刍情况，发现病情及时治疗。

5. 适时出栏　直线育肥的肉牛，适时出栏是降低饲养成本、提高经济效益的重要环节。当育肥牛 16～18 月龄，体重达 400～500kg，皮下脂肪附着良好，且全身肌肉丰满时，即可出栏。通常，育肥牛体重达 450kg，用手触摸牛的鬐甲、肩胛、肩端、背腰、肋部、腹部、臀部、尾根等部位感到皮下软绵、肌肉丰厚，用手触摸耳根、前后肋和阴囊周围感到有大量脂肪沉积，说明膘情良好，就应该出栏了。

根据当时市场价格的变化，结合投入生产成本，适当推迟出栏，可增加牛肉的大理石花纹，提高牛肉等级。如果出现采食量减少，经过一些促进食欲的措施之后，牛的食欲仍不能恢复，说明已到育肥牛的最佳结束期，应及时出栏。

6. 保障措施

（1）按照本场的自然资源、生产条件以及市场需求，组织畜牧技术人员制订全场生产年度计划和长远计划的建议，审查生产基本建设和投资计划，掌握生产进度，提出增产措施。

（2）制定各项畜牧技术操作规程，并检查其执行情况，肉牛养殖场对于违反技术操作规程和不符合技术要求的事项有权制止和纠正。

（3）对于畜牧技术中的重大事故，要负责作出结论，并承担应负的责任。

（4）对全场畜牧技术人员的任免、调动、升级、奖惩，提出意见和建议。

（5）负责拟定全场各类饲料采购、贮备和调拨计划，并检查其使用情况。

（6）组织畜牧技术经验交流、技术培训和科学实验工作。

三、架子牛的快速育肥

架子牛是指在较粗放饲养条件下，牛的生长发育受到抑制，其中牛的骨骼生长较快，而肌肉的生长相对较慢，在骨架基本接近成年牛后，体躯肌肉和脂肪较少的瘦牛。利用肉牛补偿生长的特点，一旦饲养条件有所改善，这些牛即可快速增重，使受到抑制的生长发育过程得到补偿。一般是指 12 月龄以后开始育肥的牛，也有些地方把 3～4 岁的牛称为架子牛。

架子牛的快速育肥是将架子牛采用强度育肥方式，集中育肥 3～6 个月，充分利用牛的补偿生长能力，达到理想体重和膘情后屠宰，这种育肥方式风险小、周期短、见效快、成本低、经济效益高、应用较广。

（一）架子牛的选购

1. 选好品种和类型　要选购肉质好、生长快、饲料报酬高的牛，适合架子牛快速育肥的品种有：国内主要优良的地方品种，如南阳牛、秦川牛、鲁西牛、晋南牛、新疆褐牛、三河牛、草原红牛、延边牛及其杂交后代等；引进的主要肉牛品种，如西门塔尔牛、利木赞牛、夏洛来牛、海福特牛、安格斯牛和皮埃蒙特牛及其杂交后代等。

2. 准确判断牛的年龄　根据架子牛的档案或牙齿判断其年龄，最好选择 3 岁以内的牛。

3. 估算体重　根据经验或体重估算公式估重。

4. 选体重较大的牛　一般选 300kg 以上的架子牛育肥效益较高。

5. 选外形符合要求的牛　"架子牛七成相"，选择标准为：健壮、早熟、早肥、不挑食、饲料报酬高。具体操作时要求考虑品种、年龄、体重、性别和体质外貌等。

架子牛的分级：为了准确地判断架子牛的特性，美国 USDA 修订了架子牛等级标准，新的等级标准对肉牛业提供如下好处：作为买卖双方市场议价的基础；便于架子牛的分群；便于架子牛市场的统计。新的标准把架子牛大小和肌肉厚度作为评定等级的两个决定因素（图 3-1、图 3-2）。

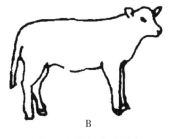

A　　　　　　　　B　　　　　　　　C

图 3-1　架子牛骨架大小分级
A. 大架子　B. 中架子　C. 小架子

架子牛共分为 3 种架子 10 个等级：大架子 1 级、大架子 2 级、大架子 3 级；中架子 1 级、中架子 2 级、中架子 3 级；小架子 1 级、小架子 2 级、小架子 3 级和等外。具体要求如下。

大架子：要求有稍大的架子，体高且长，健壮。

中架子：要求有稍大的架子，体较高且稍长，健壮。

小架子：骨架较小，健壮。

1级：要求全身的肉厚，脊、背、腰、大腿和前腿丰满。四肢位置端正，蹄方正，腿间宽，优质肉部位比例高。

2级：整个身体较窄，胸、背、脊、腰、前后腿较窄，四肢靠近。

3级：全身及各部位厚度均比2级要差。

等外：因饲养管理较差或发生疾病造成的不健壮牛只属此类。

图 3-2 架子牛肉厚度的分级

A.1级 B.2级 C.3级

6. 选膘情较好的牛 四肢与躯干较长，有良好的发育潜力。十字部略高于体高的牛发育能力强。皮肤松弛柔软，被毛柔软密实的架子牛肉质良好。在我国目前最好选择夏洛来牛、利木赞牛、皮埃蒙特牛、西门塔尔牛等肉用或肉乳兼用公牛与本地黄牛母牛杂交的后代，也可利用我国地方黄牛良种，如晋南黄牛、秦川牛、南阳黄牛和鲁西黄牛等。年龄最好选择1～2岁。

7. 选健康无病的牛 应选购嘴大、鼻孔大、眼有神、体形较长、腿粗、尾巴有力的牛，这样的牛吃得好，健康无病。

（二）架子牛的科学饲养

架子牛的育肥方法：农区和城郊无放牧条件的要采用全舍饲育肥方式；在牧区或半农半牧区，野外有放牧条件时，尽量利用全天草场采用放牧育肥方式。

1. 全舍饲模式 被选中育肥的架子牛，经过消毒和体内外驱虫进入育肥阶段，育肥阶段的饲养与管理特点如下。

一般架子牛快速育肥需120d左右，可以分为3个阶段：过渡驱虫期，约15d；育肥前期，约45d；育肥后期，约60d。

（1）过渡驱虫期：这一时期主要是让牛熟悉新的环境，适应新的草料条件，消除运输过程中造成的应激反应，恢复牛的体力和体重，观察牛只健康，健胃、驱虫、决定公牛去势与否等。日粮开始以品质较好的粗饲料为主，精粗料的比例为30％：70％，日粮蛋白质水平12％。如果购买的架子牛膘情较差，此时可以出现补偿生长，日增重可以达到800～1 000g。

（2）育肥前期：该期的饲养目标是促进牛体骨骼、肌肉生长发育，在15～18月龄时体重达350kg左右。日粮中精饲料比例由30％增加到40％。具体操作时，可按牛只的实际体重每100kg喂给含蛋白质水平11％的配合精饲料1kg；粗饲料自由采食。这一时期的任务主要是让牛逐步适应精料型日粮，防止发生膨胀病、拉稀和酸中毒等疾病，又不要把时间拖得太长，防止精粗料比例相近的情况出现，以避免淀粉和纤维素之间的相互作用而降低消化率。可采用如下配方：玉米面73.3％、麸皮4％、豆饼5％、棉籽饼14％、骨粉1.2％、牛用添加剂2％、食盐0.5％。粗饲料以酒糟、青贮玉米秸、氨化麦秸、青草等为主。这一时期日增重可以达1 000g左右。

（3）育肥后期：日粮中精饲料比例可进一步增加到50％～60％，生产中可按牛只的实际体重每100kg喂给含蛋白质9.5％～10％的配合精饲料1.1～1.2kg。粗饲料自由采食。日增重可达到1 200～1 500g。这一时期的育肥常称为强度育肥。为了让牛能够把大量精饲料吃掉，这一时期可以增加饲喂次数，原来每日喂2次的可以增加到3次，且保证充足饮水。

另外，可按当地具体条件，并参照表3-9灵活选择。表3-9介绍了架子牛育肥方案（全舍饲），供参考。

表 3-9　架子牛育肥方案（全舍饲）

育肥天数（d）	1～15	16～60	61～120	合计
体重（kg）	229～250	251～276	277～310	
日增重（kg）	0.7	0.83	1.1	113.85
冬、春季舍饲育肥				
精料日喂量（kg）	2.0	3.0	4.0	405
秸秆日喂量（kg）	2.0	2.0	2.0	240
玉米青贮日喂量（kg）	9.0	6.0	5.0	705
胡萝卜日喂量（kg）	2.0	2.0	2.0	240
干草日喂量（kg）	1.0	1.5	2.0	202.5
夏、秋季舍饲育肥				
精料日喂量（kg）	1.5	2.0	2.5	262.5
秸秆日喂量（kg）	2.0	2.0	2.0	240
（湿）酒糟日喂量（kg）	3.0	4.0	5.0	525
青草日喂量（kg）	15	20	25	2 625

资料来源：刘太宇 等，养牛生产技术，3版，2015。

2. 放牧模式　采用放牧加补饲育肥。冷季放牧要特别注意棚圈建设，棚圈要向阳、保暖、小气候环境好；牛只进棚圈前，要进行清扫、消毒、搞好防疫卫生；要种植供冷季补饲的草料，及早进行补饲，补饲原则是膘情差的牛多补，冷天多补，暴风雪天全日补饲。暖季应给牛补饲食盐、钾盐和镁盐，可在棚圈、牧地设盐槽，供牛舔食。

（三）架子牛育肥的注意事项

1. 加强新到架子牛的管理　新到架子牛运输前肌内注射维生素A、维生素K、维生素E和1g土霉素；新到架子牛应在干净、干燥的地方休息，提供清洁饮水、适口性好的饲料。

2. 牛舍消毒 将引进育肥的架子牛饲养在固定的牛舍内。冬季使舍内温度保持在5℃以上，夏季应保持通风良好，并搭凉棚。架子牛入舍前应用2%火碱溶液对牛舍消毒，器具用0.1%高锰酸钾溶液洗刷，然后再用清水冲洗。

3. 坚持"四定" 整个饲养期育肥牛坚持"四定"，即定时下槽、精粗饲料定量、定位（室内外都要拴在固定的位置限制牛运动）、定刷（每天喂牛后，把牛拴在背风向阳处，由专人刷拭牛体1次，促进血液循环，增进食欲）。

4. 驱虫、健胃 对引进架子牛用驱虫剂驱除体内外寄生虫。在驱虫3d后要对架子牛进行健胃处理。

5. 称重 每月底定时称重，以便根据增重情况，采取改进措施。

6. 搞好防疫和灭病 一是无病早防，对牛舍每天打扫一次，保持槽净、舍净；二是经常观察牛动态，如采食、饮水、反刍情况，发现病情及时治疗。

7. 及时出栏或屠宰 肉牛超过500kg后，虽然采食量增加，但增重速度明显减慢，继续饲养不会增加收益，要及时出栏。

四、高档牛肉生产技术

（一）高档牛肉的概念

高档牛肉是指制作国际高档食品的质量上乘牛肉，要求肌纤维细嫩、多汁，肌间有一定量的脂肪，所制作食品既不油腻，也不干燥，鲜嫩可口。一般包括牛柳、眼肉和外脊。高档牛肉价格要比普通牛肉高几十倍，如每头秦川牛生产高档牛肉尚不足其产肉量的5%，但价值却占牛总价值的47%。另据研究，饲养加工1头高档肉牛，可比饲养加工当地品种牛增加收入2 000元。因此，进行高档牛肉生产是提高养牛业效益的重要措施和提高企业市场竞争力的有效途径。

（二）小白牛肉生产技术

白牛肉也称小白牛肉，是指犊牛出生后14~16周龄内完全用全乳、脱脂乳或代用乳饲喂，体重100kg左右时屠宰所产之肉。其肉质细致软嫩，味道鲜美，肉量全白色稍带浅粉色，营养价值比较高，蛋白质含量比一般牛肉高63%，脂肪含量却低95%，人体所需的氨基酸和维生素含量丰富。其价格高出一般牛肉的8~10倍。进行小白牛肉生产，应选择优良的肉用牛、兼用牛、乳用牛或高代杂交牛所生公犊，并要求身体健壮，消化吸收机能强，生长发育快，初生重38~45kg。小白牛肉生产，要求犊牛在14~16周龄的培育期内靠全乳来供给其营养，因此成本较高。近年来采用代乳料或人工乳喂养，但要求人工乳或代乳料尽量模拟全牛乳的营养成分，特别是氨基酸的组成、热量的供给等都要求适应犊牛的消化生理特点和要求。同时也要考虑原料来源的稳定性及适合于工业喷雾干燥法的生产及喂养、运输、贮存方便等问题。用全乳来培育犊牛生产小白牛肉的饲养方案见表3-10。

表3-10　用全乳培育犊牛生产小白牛肉的饲养方案

日龄	期末达到体重（kg）	平均日给乳量（kg）	日增重（kg）	需要总乳量（kg）
1~30	40.0	6.40	0.80	192.0

（续）

日龄	期末达到体重（kg）	平均日给乳量（kg）	日增重（kg）	需要总乳量（kg）
31～45	56.1	8.30	1.07	124.5
46～100	103.0	9.50	0.84	522.5

资料来源：改自昝林森，牛生产学，3版，2017。

注：在总乳量中，另加10％为消耗量，每头全期共需923kg。

其哺育期使用的特殊单圈，宽65cm，长165cm，采用漏缝地板，不给垫草，也不喂草料，以保持一直用单胃消化。由于这种生产成本高，目前在我国还未普及，但随着国际旅游业和人们消费水平的提高，发展这种白牛肉的生产已为期不远。

（三）小牛肉生产技术

小牛肉是指犊牛出生后6～8个月内，在特殊饲养条件下育肥至250～300kg时屠宰所产之肉。小牛肉风味独特，价格昂贵。在我国现有条件下进行小牛肉生产，宜选择荷斯坦奶公犊为主，利用其前期生长发育速度快、便于组织生产等特点；也可选用西门塔尔牛三代以上杂种公犊育肥。犊牛初生重大于35kg。具体方案如表3-11所示，犊牛育肥期配合料配方见表3-12。

表3-11　生产小牛肉犊牛的饲养方案

周龄	体重 （kg）	日增重 （kg）	日喂全乳量 （kg）	日喂配合料量 （kg）	青草或青干草 （kg）
0～4	40～59	0.6～0.8	5	—	—
5～7	60～79	0.9～1.0	7	0.1	—
8～16	80～99	0.9～1.1	8	0.4	自由采食
17～19	100～124	1.0～1.2	9	0.6	自由采食
20～22	125～149	1.1～1.3	10	0.9	自由采食
23～27	150～199	1.2～1.4	10	1.3	自由采食
28～33	200～250	1.1～1.3	9	2.0	自由采食
合计	—	—	1 918	185.5	折合干草150

资料来源：改自昝林森，牛生产学，3版，2017。

表3-12　犊牛育肥期配合料配方（以每100kg计）

玉米 （kg）	豆饼 （kg）	大麦 （kg）	鱼粉 （kg）	油脂 （kg）	骨粉 （kg）	食盐 （kg）	维生素 （IU）	土霉素 （mg）
60	12	13	3	10	1.5	0.5	150	2 200

资料来源：改自刘太宇 等，养牛生产技术，3版，2015。

五、提高肉牛育肥效果的有效技术措施

（一）一般技术措施

一般技术措施包括选择育肥潜力大的个体，如杂交品种、公犊、适宜年龄、良好的体型外貌牛等；制订合理的日粮配方和饲养方案；创造良好的育肥环境，抓住育肥的有利季

节，在四季分明的地区，春秋季育肥效果好，牧区肉牛出栏以秋末为佳，冬季育肥要注意防寒；加强防疫与检疫，保证牛体健康；阶段育肥，适时出栏。

（二）非蛋白氮饲料的利用

牛可利用非蛋白氮（NPN）中的氮素，合成大量优质菌体蛋白质，成为其蛋白质营养的重要来源之一，因此，饲料中添加少量非蛋白氮可大量节省蛋白质饲料，降低成本。非蛋白氮饲料主要包括尿素、碳铵等。

尿素是应用最广、最早的一种非蛋白氮饲料。最常用的方法，是将尿素与精饲料均匀混合后饲喂。此外还有做成砖舔剂、糊化淀粉尿素以及尿素青贮、尿素喷洒草场等方法。

（1）直接与精饲料混合：先将尿素于少量水中溶解，然后拌于精饲料中，搅拌均匀。按照体重计，每100kg体重喂20~30g；按精饲料计算，占精饲料2%~3%；按日粮干物质计算，则占1%。生长肉牛的最大日喂量为68g，育肥肉牛的最大日喂量不超过100g。

（2）尿素盐砖：同饲料盐砖一样，用尿素做成砖块，让牛自由舔食，是放牧条件下补充蛋白质的一种简易方法。尿素盐砖的成分构成是：尿素40%、食盐47.5%、糖蜜10%（提高适口性）、磷酸钠2.5%和少量的钴。牛在采食干草后往往立即舔食尿素盐砖，每日舔食量：两岁牛约200g，一岁牛约120g。在夏季青草放牧季节，喂舔剂的牛增重较快。为了使尿素水解速度不致过快，尿素盐砖最好放在离水源较远的地方。尿素盐砖应避免雨淋或变软，否则会使牛采食过多。

（3）糊化淀粉尿素：因为糊化淀粉可以为瘤胃微生物合成菌体蛋白质提供必要的能量和碳架支持，所以淀粉能有效地帮助瘤胃微生物将氨转化为蛋白质，其中，熟淀粉比生淀粉效果更好。根据这一原理，研制成功了一种糊化淀粉尿素。制作方法是：将粉碎的高淀粉谷物饲料（如玉米、高粱等，占75%）与尿素（占25%）混合后，通过一个特制的挤压锅，在一定湿度、温度和压力下，使淀粉糊化，尿素扩展在其中。该方法可以使淀粉接近于完全糊化。

（三）饲料添加剂的应用

1. 瘤胃素 瘤胃素的有效成分为瘤胃素钠盐，是目前国内外广泛使用的肉牛饲料添加剂之一，无残留，无须停药期。它的作用机理是：通过减少瘤胃甲烷气体能量损失和饲料蛋白质降解及脱氨损失，控制和提高瘤胃发酵效率，发挥最高的饲料报酬。试验研究表明：放牧肉牛以及粗饲料为主的舍饲牛，每头每日添加150~200mg，日增重比对照组提高13.5%~15%，每千克增重减少饲料消耗7.5%。

添加方法：每头牛每日喂量为50~360mg，常用量为100~200mg，360mg为最高剂量。全价日粮，每千克精料混合料添加40~60mg。具体饲喂时，应有一周的过渡期，即1~7d，每头每日饲喂60mg瘤胃素钠，8d后逐渐加大剂量，至达到标准规定量。

2. 微量元素 微量元素如铁、锌、锰、铜、钴、碘、硒等需通过添加剂补充。育肥肉牛每千克日粮干物质中微量元素添加量为：硫酸铜32mg，硫酸亚铁254mg，硫酸锌135mg，硫酸锰128mg，氯化钴0.42mg，碘化钾0.67mg，亚硒酸钠0.46mg。使用微量元素添加剂时，要根据饲料中微量元素余缺情况，确定添加剂的种类和数量。添加时一定要与饲料混合均匀。

3. 维生素 使用维生素添加剂时，应注意其稳定性和生物学效价，妥善保存，避免失效。大量饲喂青绿饲料时，可考虑少添或不添维生素添加剂。但在以黄干秸秆为主要粗饲料、无青绿饲料或用酒糟育肥牛时，要注意维生素 A、维生素 D、维生素 E 的补充。因为牛机体自身能够合成 B 族维生素、维生素 K 及维生素 C，因此除犊牛外，日粮中不用额外添加上述维生素。每千克肉牛日粮干物质维生素添加量为：维生素 A 添加剂（含 20 万 IU/g）14mg，维生素 D_3 添加剂（含 1 万 IU/g）28mg，维生素 E（含 20 万 IU/g）0.38～3g。另外，烟酸对肉牛的生产性能也有较大影响。肉牛每千克日粮干物质中可添加 100mg 烟酸，有利于提高日增重和饲料转化率。

4. 缓冲剂 当给牛饲喂大量能产酸的饲料，如精饲料以及含酸量大的饲料如酒糟、青贮饲料等时，会影响体内酸碱平衡和食欲，瘤胃微生物的活力也会被抑制，降低对饲料的消化利用率，严重的会导致瘤胃酸中毒。常用的缓冲剂是碳酸氢钠（小苏打）和氧化镁。可单独添加，小苏打用量为精饲料的 1%～2%，氧化镁为 0.3%～0.6%，也可同时添加。

5. 氨基酸添加剂 因牛消化生理上的特点，如果将氨基酸直接添加到饲料中，就会在瘤胃被微生物分解成氨态氮，起不到添加氨基酸的作用，造成资源的浪费。但氨基酸添加剂可以用于犊牛的代乳品或开食料中，取得良好的促生长效果。对于成年牛或育肥牛的氨基酸添加剂必须用特殊的方法补加才能见效。将氨基酸用保护剂处理，使它们在瘤胃中不受微生物的分解，顺利到达小肠被吸收利用，目前市场已有经保护处理的氨基酸产品。

6. 中草药饲料添加剂 我国地域辽阔，中草药资源十分丰富，利用中草药饲料添加剂具有得天独厚的条件。现在已知有 100 多种中草药可以作为饲料添加剂。中草药饲料添加剂，不但可以补充营养，还有简便价廉、功能多样、无毒副作用、无抗药性等优点。

◆ **思 考 题**

1. 在生产实践中，为奶牛配制日粮有哪些方法？
2. 简述奶牛的饲养要点。
3. 简述全混合日粮饲养技术要点。
4. 什么是架子牛？什么是架子牛的快速育肥？
5. 什么是小白牛肉？
6. 什么是小牛肉？
7. 简述架子牛的选购要点。
8. 简述提高肉牛育肥效果的有效技术措施。

牦牛养殖学

第四章 牦牛产业发展概况

第一节 牦牛概述

一、牦牛的起源、分布和数量

牦牛，藏语叫雅客，英语通称为"yak"，即为藏语的译音；牦牛的叫声如猪，又被称为猪声牛。现在的家养牦牛，是距今5 000多年前（龙山文化时期），由我国古羌人在藏北羌等地区，将捕获的野牦牛驯养而来的。而被称为世界屋脊的中国青藏高原及其周围的广大地带，就是世界牦牛的发源地和主要产区。中国牦牛产区范围为北纬27°～40°、东经74°～105°，产区面积约占中国总面积的1/4；主要分布在青海、西藏、四川、甘肃、新疆、云南六省份的部分高寒地区。

国家肉牛牦牛体系各省区调研数据及汇报显示，2018年全世界有牦牛1 759.9万头，其中中国有1 655.6万头，是世界上拥有牦牛数量和品种类群最多的国家，约占世界牦牛总数的94.07%。中国是牦牛的发源地，与我国毗邻的蒙古国、吉尔吉斯斯坦、塔吉克斯坦以及印度、不丹、阿富汗、巴基斯坦等国家或地区均有少量分布。欧美等国家也引入牦牛饲养，但数量未见其报道。世界牦牛数量与分布如表4-1所示。

表4-1　世界牦牛数量与分布

国家（地区）	数量（万头）	分布	数据来源
中国			
青海	580	全省	青海省农牧厅
西藏	492.3	全区	西藏自治区农牧科学院
四川	400	西部高原及其高山区	四川省畜牧食品局
甘肃	145	南部草原及其祁连山区	甘肃省农牧厅
新疆	25	天山中部	新疆维吾尔自治区畜牧厅
云南	9	西北部高山区	云南省畜牧局
内蒙古	2.2	贺兰山及其阿尔泰山区	内蒙古自治区农牧业厅
河北	1.6	北部山区	河北省畜牧局
北京	0.5	西部山区寒冷区	北京市畜牧局
蒙古	75		蒙古中央统计局

（续）

国家（地区）	数量（万头）	分布	数据来源
吉尔吉斯斯坦、塔吉克斯坦	14		钟金城综合数
尼泊尔	9		尼泊尔中央统计局
不丹	3		钟金城综合数
印度	3.1		印度中央统计局
阿富汗、巴基斯坦	0.2		钟金城综合数
合计	1 759.9		

注：国内牦牛数量为 2018 年底，国家肉牛牦牛体系各省区调研数据（实际免疫牦牛头数）；国外牦牛数据为 2017—2018 年数据。

据《中国畜牧兽医年鉴 2020》统计，我国牧区与半牧区 2019 年末牦牛存栏量达到 1 460.797 6 万头，其中青海（467.542 5 万头）、西藏（410.210 3 万头）、四川（413.262 6 万头）和甘肃（142.468 4 万头）四省（自治区）的牦牛存栏量就占到我国牦牛存栏总数的 98.13%。在各省（自治区）的牧区县、半牧区县牦牛的饲养量如表 4-2 所示。

表 4-2　2019 年末中国牧区与半牧区牦牛存栏数量（头）

类别	四川	西藏	甘肃	青海	云南	河北	新疆	全国
牧区县	3 038 845	2 160 073	1 127 744	4 514 343	0	0	69 164	10 910 169
半牧区县	1 093 781	1 942 030	296 940	161 082	57 007	2 850	144 117	3 697 807
合计	4 132 626	4 102 103	1 424 684	4 675 425	57 007	2 850	213 281	14 607 976

资料来源：改自中国畜牧兽医年鉴编辑委员会，中国畜牧兽医年鉴 2020，2020。

二、牦牛的特点

（一）牦牛的用途

牦牛既是生产资料，又是生活资料。

1. 牦牛的奶、肉是重要的食品原料和美味食品　中国牦牛年产奶总量约为 71.5 万 t。产奶牦牛约占牦牛总头数的 36%。在暖季挤奶期，母牦牛产奶量为 200～500kg，乳脂率为 5.36%～6.82%。牦牛奶色泽为微黄色，干物质含量（16%～18%）和脂肪含量（6%～8%）高，脂溶性维生素和钙、磷丰富。

牦牛肉由于品质、风味独特，无污染，受到国内外市场的欢迎。2018 年我国屠宰牦牛约 346 万头，胴体重平均 131kg/头，胴体产量约为 45 万 t，净肉产量 36 万 t，占牛肉总产量的 5.49%。供肉用的牦牛活重一般为 220～350kg，屠宰率为 48%～52%。牦牛肉的特点是色泽为深红色（肌红蛋白含量高），蛋白质含量高（21%）而脂肪含量低（1.4%～3.7%），肌肉纤维细（眼肌肌纤维直径为 48～53μm）。牦牛肉也可制成风干牦牛肉、烟熏牦牛肉、牦牛肉灌肠和血肠等。

2. 牦牛的毛是优质的毛绒制品原料　牦牛的毛包括长毛、绒毛和尾毛、粗毛。

（1）长毛：指着生于牦牛前胸、前臂、体侧或后腿的长毛，即"裙毛"，专用于搓成牛绳、捆扎帐篷和做经绳等。制作方法和程序是：将剪下的牦牛被毛整理出较长的粗毛，

毛细度在 $52.5\mu m$ 以上的，卷成直径 15cm 左右的毛卷，然后用独锭搓纺成毛条。搓纺时，一人用皮绳转动固定在草地上的木锭，一人持毛卷纺成毛条或毛纱，其粗细长度均视需要而定。最后将毛条合成毛绳，有三股或四股的，但以四股的最为美观。牦牛毛绳经久耐用。

（2）绒毛和尾毛：纯粹的绒毛（细度在 $25\mu m$ 以下的毛纤维）在当地极少利用，所用的绒毛多半是混有长度中等的两型毛（细度在 $25\sim52.5\ \mu m$），或是以两型毛为主的毛，或是选出长毛、粗毛后的被毛。牦牛绒细度在 $25\mu m$ 以下（平均 $16.8\mu m$），折裂强度 9.81g，纤维公制支数 2 979，含脂率为 $9\%\sim10\%$。绒毛多用来编织帐篷、披衫和短上衣。

尾毛历史上曾是贡品，尤以白色尾毛最名贵。尾毛的主要用途是制作戏剧道具如胡须、蝇拂、刀剑缨穗等以及假发（发帽）和工艺品。

中国牦牛的尾毛、绒毛畅销国内外。中国牦牛年产毛总量（包括尾毛、绒毛）为 1.3 万 t，其中绒毛 0.65 万 t。牦牛尾毛每两年剪 1 次，平均每头剪尾毛 0.25kg。

（3）粗毛：牦牛的粗毛直径大于 $52.5\mu m$（小牦牛毛较细），长度可超过 20cm，外形平直，表面光滑，有的有连续毛髓，刚韧而有光泽，毡缩性低。粗毛每年暖季剪 1 次，每头剪毛量 $0.5\sim3kg$，主要供制作毡、绳、帐篷布等。每年牦牛剪毛前，有的先抓绒（有的同粗毛一起剪），每头抓绒量 $0.3\sim0.7kg$。牦牛绒手感松软滑爽，光泽好，近似山羊绒，可加工成牦牛衫（裙、裤）和精纺衣料。

3. 牦牛的皮是优质的裘皮原料 中国牦牛年产牦牛皮 17 万张，牦牛皮质地良好。成年牦牛的鲜皮重 $13\sim36kg$，占活重的 $5.6\%\sim8.8\%$。牦牛皮的特点是生皮毛长，真皮层胶原束编织较疏松。

生皮：指未经鞣制的牦牛皮，未去被毛，主要用于酥油的包装，还可用于包裹木箱（将生皮切割成网状，捆扎在木箱外待生皮干后，即固定在木箱上，也有用整张牦牛皮包裹木箱的），还可把生皮切割成细条作为皮绳。

熟皮：指经土法鞣制的革。民间都采用油脂法制革，即将毛板浸泡后除去被毛，割去皮下结缔组织，然后用陈年酥油（已变质不能食用的）满涂皮板上，卷紧，让油质浸透。或在涂抹酥油后用手揉捏柔软后，用刀修正正背两面，使皮革光整。熟皮的用途广泛。如缝制成皮口袋，贮存粮食、奶渣等；缝制毡靴或制作鞋底；用刀切割成细条搓绞成皮绳，或切割成宽度不等的皮条，用于捆扎什物或背水背柴，圈套牲畜，以及用于鞍具、驮具上等。

裘皮：多属犊牦牛皮制成。牦牛死后，剥下被皮，除净板面的结缔组织，浸泡在乳清中。数天后取出，用陈年酥油踩制，使皮板柔软，梳直被毛即成。一般用于制作儿童裘衣。

4. 牦牛是青藏高原上主要的役畜 牦牛可担负驮载、骑乘、耕地等使役作业。成年阉牦牛可使役到 15 岁，每头驮载重 $65\sim80kg$，日行程 $25\sim30km$，可连续驮载 $7\sim10d$。青藏高原地势陡峻，山高路险，无论是跨冰河还是过雪原，牦牛都行进稳健。牦牛四肢较短，强壮有力。骨骼坚实致密，骨小管发育差，含钙、磷多。公牦牛骨断面上骨小管的密度为 26.6 个/cm^2，骨致密部分（干物质）含氧化钙 35.9%；普通牛种公牛相应为 35.3 个/cm^2 和 32.9%。牦牛蹄大而坚实，蹄叉开张，蹄尖锐利，蹄壳有坚实突出的边缘围绕，蹄底后缘有弹性角质的足掌。这种蹄不仅着地稳当，而且可减缓身体向下滑动的速度和冲力，所以牦牛能在高山雪原上行走自如。

（二）牦牛的分布特点

牦牛生产地区具有海拔高（2 500～6 000m）、气温低（年均≤ 0℃）、昼夜温差大（15℃以上）、牧草生长季短（110～135d）、辐射强（年辐射量超过 576～803kJ/cm²）、氧分压低（14.665kPa 以下）的特点。牦牛形成了抗逆性强、耐寒怕热、晚熟繁殖力低的生态生理特性，适应高寒少氧的生态条件。

（三）牦牛的生产特点

牦牛生产力低但全面：可生产肉、奶、毛、绒、皮、役力、燃料等；成年牦牛体重 220～350kg，屠宰率 48%～50%，在放牧状态下泌乳期 150d，总泌乳量平均 487kg，平均日泌乳量 3.1kg。

牦牛生产具有较强的季节性：每年 7—9 月发情配种，10—12 月出栏屠宰、3—6 月产犊。

牦牛生产高原特色产品：牦牛肉产品、白牦牛尾、牦牛绒。

牦牛生产绿色无公害产品：犊牛排、犊牛肉、肉干等。

各地牦牛的生产性能见表 4-3、表 4-4。

表 4-3　各地牦牛的生产性能

产地	头数	年龄	活重（kg）	胴体重（kg）	屠宰率（%）	净肉率（%）	胴体含骨率（%）
				公牦牛			
四川九龙	2	6 岁	471.24	248.69	52.77	44.33	16.00
甘南碌曲	2	4 岁	275.50	140.00	50.82	39.02	23.21
青海大通	5	成年	339.40	180.80	53.27	45.34	14.88
新疆巴州*	9	成年	237.78	114.73	48.25	31.84	34.01
				母牦牛			
甘南碌曲	2	成年	239.70	108.20	45.14	33.29	26.25
香格里拉	8	成年	309.10	178.77	57.60	45.68	18.33
新疆巴州*	3	成年	211.30	99.90	47.28	30.32	32.93

资料来源：改自张容昶，胡江，牦牛生产技术，2002。

注：* 中下等膘情。

表 4-4　各地牦牛的产奶性能

产地	测定头数	挤奶日数（d）	产奶量（kg）	乳脂率（%）
甘肃天祝	223	135	304.0	6.82
甘肃山丹	21	180	464.0	5.36
青海大通	181	153	214.5	5.55
青海巴塘	91	153	487.2	6.40
四川九龙	21	150	482.2	5.65
西藏色尼区	19	105	280.8	—
云南香格里拉	—	195	120	6.20

资料来源：改自张容昶，胡江，牦牛生产技术，2002。

第二节 牦牛产业发展现状和对策

科学技术特别是生物技术的不断提高，新技术的推广、普及、应用，促进了养牛业的迅速发展，牛产品的科技含量也在不断增加。目前在牦牛的生理生化、消化代谢、营养与饲料加工、遗传育种、繁殖新技术及计算机等方面的研究均取得了一定的进展，为合理而经济地利用资源、充分发挥牦牛的生产潜力起到了重要作用。

一、牦牛产业发展现状

（一）牦牛生产性能低

受生产方式落后和自然生态条件严酷，加上畜群结构不合理、以自然交配为主、良种体系不健全、草畜不平衡等诸多因素的影响，牦牛近亲繁殖严重，部分品种退化严重，畜群周转减慢。同时，牦牛高龄母牛比例大，性别比例不合理。就我国牦牛产业生产水平而言，良种化程度不高，个体生产性能较低。

（二）牦牛科学饲养管理水平低

由于受自然和社会经济发展条件的制约，牦牛饲养区新技术推广缓慢。饲养管理技术滞后，适宜牦牛生长发育的饲养管理技术没有得到深入系统的研究与开发。草原生态高效牧养技术、良种繁育技术、畜产品加工技术、疫病防治技术等缺乏综合配套，更缺乏系统性、规模化的生产实用技术。

（三）牦牛产品转化率低

牦牛以产肉和产奶为主，其肉、奶还属于初级产品或产品处于初级加工阶段。牦牛皮、毛、绒、骨、血、内脏都是重要的工业原料，但开发程度低。

（四）牦牛技术转化力低

实用技术开发和推广经费来源单一、数量少，企业和生产经营者缺乏资金、投入少。就目前的情况看，牦牛相关研究如牦牛新品种培育、良种繁育技术、品种改良技术、规模化饲养技术明显滞后。牦牛产业研究中缺少高新技术，没有科技先行，影响了牦牛产业化的发展。

二、牦牛产业发展对策

（一）建立品种改良及高效繁殖技术体系

加速牦牛优良品种的繁育和推广，提高良种覆盖率。应用牦牛分子生物学育种技术，阐明产肉、产奶、产绒等性状的分子遗传机理，培育具有地方特色的牦牛新品种。预测牦牛杂种优势，确定不同区域适宜的良种牦牛杂交组合，改变长期以来牦牛自选、自育自繁的封闭式繁育模式。推广本品种选育技术，大通牦牛、九龙牦牛、麦洼牦牛等优良品种进行本品种选育，以选育生产优质种公牛，向全国牦牛产区供应优良种公牛，改良当地家牦牛。推广牦牛复壮新技术，包括采用野牦牛冻精或含1/2野牦牛基因种牛，人工授精或本交改良复壮家牦牛。推广经济杂交实用技术，"一代乳用、二代肉用"的终端杂交法，在条件较好的牧区或半农牧区，可采用人工授精大量生产杂种牛，以建立肉牛产业。在牧区逐步推广犏牛半舍饲产奶、牦牛放牧产肉（包括全哺乳，产犊牛肉）的生产新模式。

（二）建立科学饲养与管理技术体系

应用现代饲养技术，如暖棚技术、放牧加补饲技术、半舍饲育肥技术等，建立饲草季节均衡生产供应模式，有效改变传统牦牛生产方式存在的"夏活、秋肥、冬瘦、春乏"的问题。推广高产、优质草地培育技术，缓解草畜矛盾，恢复草原生态，结合围栏建设、草场灌溉及施肥技术，提高产草能力。采用低投入低成本的草地放牧形式繁殖架子牛，集约化高强度舍饲育肥，生产优质牦牛肉的配套技术。同时，推广营养舔砖，改善牦牛营养状况。

（三）建立畜产品深加工技术体系

牦牛的产品以肉、乳、毛等的利用最为普遍，产区的加工产品多为初加工和没有加工的原料，多为自销，产值和商品率低。牦牛生产以天然放牧为主，牦牛提供的原料产品是真正的绿色产品，具有独特的生物学价值，这也预示着对牦牛产品进行深加工将有巨大的市场前景及成本优势。其畜产品深加工技术主要包括牦牛血液及脏器综合利用技术，牦牛肉、乳深加工技术，牦牛乳清、乳清蛋白及干酪素生产技术，牦牛绒现场初分梳技术等。同时应用现代生化技术和生物工程技术手段从牦牛脂、骨、胸腺、心脏、大脑、垂体、肺、肝、肾、胆、脾、血、牛鞭等器官和组织提取、分离、纯化牦牛血 SOD、胸腺肽、胰肽酶、氨基酸等生化制品，这将成为牦牛产业的一大特色及优势品牌。

（四）建立疫病监测及防治技术体系

对牦牛的传染性疾病、体内外寄生虫病等进行重点防治。加强牦牛疫病检测和检疫防疫体系的建设，防止疫病入侵，严格兽药管理，保持牛群健康。加强屠宰检疫，确保畜产品质量安全。

◆ 思 考 题

1. 简述牦牛的分布与生态环境适应性。

2. 简述牦牛的用途。

3. 影响牦牛产业发展的因素有哪些？应该采取哪些对策？

第五章 牦牛品种

牦牛在生物学分类上属于脊椎动物门、哺乳纲、单子宫亚纲、偶蹄目、反刍亚目、牛科、牛亚科、牦牛属（牦牛属下只有 1 种牦牛种）动物，是青藏高原的主要珍稀牛种之一（草食性反刍家畜），享有"高原之舟"和"全能家畜"的美誉。牦牛能适应高寒低氧的气候环境，是世界上生活在海拔最高处的哺乳动物（除人类外），主要分布于中国青藏高原海拔 3 000m 以上地区。

现代牦牛主要包括野牦牛和家牦牛，二者拥有共同的祖先——原始牦牛。原始牦牛生存在距今 300 多万年前的更新世，广布于欧亚大陆东北部。后来，由于地壳运动、气候变迁而南移至中国青藏高原地区，并适应高寒低氧的气候环境而延续下来，演化为现代牦牛。野牦牛主要生活在青藏高原海拔 4 000～6 000m 的高山寒漠地带，角大而粗，全身覆有丰厚粗长的黑褐色被毛，背线、嘴唇、眼睑为灰白色或乳白色，体型比家牦牛大得多。野牦牛擅长攀高涉险，性猛机警，适应性强，属于优势型"原生亚种"（2014 年全球野牦牛成年个体数量仅为 7 500～9 999 头，属于易危种群）；而家牦牛则体型较小，性情温和，属于退化型"驯化亚种"。

目前，国外的牦牛品种有尼泊尔牦牛、印度牦牛、俄罗斯牦牛、吉尔吉斯牦牛、塔吉克牦牛等品种。2021 年 1 月 13 日，国家畜禽遗传资源委员会办公室公布《国家畜禽遗传资源品种名录（2021 年版）》（畜资委办〔2021〕1 号），我国牦牛地方品种有天祝白牦牛、甘南牦牛、青海高原牦牛、西藏高山牦牛、九龙牦牛、木里牦牛、巴州牦牛、中甸牦牛、金川牦牛等 18 个，培育品种有大通牦牛、阿什旦牦牛 2 个，主要分布在青海、西藏、四川、甘肃、新疆、云南六省（自治区）。

第一节　地方品种

一、青海省

青海省的牦牛有 4 个品种：青海高原牦牛、雪多牦牛、环湖牦牛、玉树牦牛。

（一）青海高原牦牛

青海高原牦牛属肉用型牦牛地方品种，主要分布在昆仑山和祁连山相互交错的高寒地区，包括玉树藏族自治州西部，果洛藏族自治州玛多县西部，海西蒙古族藏族自治州格尔木市、天峻县和海北藏族自治州等地，于 2000 年被列入《国家级畜禽品种资源保护名录》。

由于青海高原牦牛分布区与野牦牛栖息地相毗邻，长期以来不断有野牦牛基因融入，体型外貌多带有野牦牛特征。青海高原牦牛毛色多为黑褐色，嘴唇、眼眶周围和背线的短毛多为灰白色或污白色，头大，角粗，皮松厚，鬐甲高、长、宽，前肢短而端正，后肢呈刀状，体侧及腹部下部密生裙毛。公牦牛头粗重，呈长方形，颈短厚且深，睾丸较小，接近腹部，不下垂。母牦牛头长，眼大而圆，额宽，有角，颈长而薄，乳房小，呈碗碟状，乳头短小，乳静脉不明显。

青海高原牦牛公牛 2 岁性成熟即可参加配种，2～6 岁配种能力最强，之后逐渐减弱。自然交配时公母比例为 1：（20～30），公牦牛利用年龄在 10 岁左右。母牦牛一般 2～3.5 岁开始发情配种，多数在 6 月中、下旬开始发情，7—8 月为发情盛期，发情周期约 21d，但个体间差异较大，发情持续期 41～51h；妊娠期为 250～260d，4—7 月产犊，一年一产率在 60％以上，两年一产率约为 30％，双犊率 1％～2％。

（二）雪多牦牛

雪多牦牛是青海省牧区经过长期繁衍与自然封闭形成的牦牛遗传资源，体型外貌及经济性状一致性高，遗传性能稳定，2017 年 11 月 12 日，雪多牦牛顺利通过国家畜禽遗传资源委员会鉴定，正式列入《国家级畜禽遗传资源保护名录》。

雪多牦牛主要分布在青海省河南蒙古族自治县，中心产区共存栏牦牛10 773头。雪多牦牛因个体大、产肉多、肉质好、极耐粗饲、抵抗力强等多个优点而深受当地牧民喜爱，是青海高海拔地区牦牛类群中极具特色的一支，是培育牦牛、肉牛新品种、品系及发展犏牛的优良种源和重要资源基础，也是发展高原绿色生态养殖业和特色畜产品产业的宝贵材料。此外，在高原生物类群研究中牦牛类群的迁徙、进化以及生物多样性等方面具有一定学术研究价值。雪多牦牛成年公、母牛平均体重分别为 323.5kg、257.0kg；屠宰率分别为 51.3％、48.8％。

（三）环湖牦牛

环湖牦牛于 2017 年 11 月 12 日顺利通过国家畜禽遗传资源委员会鉴定，正式列入《国家级畜禽遗传资源保护名录》。主要分布在青海省海北藏族自治州的海晏县、刚察县和海南藏族自治州的贵南县、共和县、同德县，现存栏约 78 万头。环湖牦牛被毛主要为黑色，部分个体为黄褐色或带有白斑；体格较小，体型紧凑；体躯健壮，头部近似楔形、大小适中，部分无角，有角者角细而尖；四肢粗短、蹄质结实；公牦牛头型短宽，肩峰较小，尻短；母牦牛头型长窄，略有肩峰，背腰微凹，后躯发育较好。胸廓发达；被毛属于混型毛，下层密生绒毛，并伴随粗毛生长，体躯下部着生着密而厚的绒毛和粗长毛；四肢坚实、能卷食高草，也能充分利用陡峻山坡牧草，极耐粗饲，抗逆性强；对高海拔、低气压、寒冷缺氧的高山草原适应性很强。有规律生长发育：一岁以前生长发育很快，一岁以后则逐年递减。皮下组织发达，青草期上膘快，枯草期掉膘慢。

环湖牦牛母牦牛一般 3.5 岁初配，成年母牛多两年一产；公牦牛一般 3.5 岁开始配种。成年公、母牛体高约为 119cm 和 110cm，体斜长约为 132cm 和 121cm，胸围约为 171cm 和 150cm，体重约为 273kg 和 194kg。成年公牛平均屠宰率和净肉率分别为 52％和 39％，成年母牛平均屠宰率和净肉率分别为 48％和 39％。经产牛平均产奶量约为 192kg。

（四）玉树牦牛

玉树牦牛主要分布在青海省玉树藏族自治州。玉树牦牛是青海省牧区经过长期繁衍与自然封闭形成的牦牛遗传资源，体型外貌及经济性状一致性高，遗传性能力稳定。玉树牦牛长期生长在海拔 4 000m 以上的高寒地区，其放牧区主要为高寒草甸和高寒沼泽草场类、高寒草原草场类等草地，是青海草场中的优良草场。在牦牛分类学中属青南高原型牦牛，与其他类型牦牛比较，在形成过程中含有较多的野牦牛血，对高海拔、低气压、低温、缺氧的高原环境适应性强，能够充分利用低草与陡峻山坡牧草，属传统游牧放牧饲养方式进行生产管理；玉树牦牛已经国家畜禽遗传资源委员会审定、鉴定通过，并于 2021年 1 月 8 日由中华人民共和国农业农村部第 381 号公告，正式成为国家畜禽遗传资源列入保护名录。玉树牦牛存栏 260 余万头。具有"体尺大、体重大、头大、角粗及玉树牦牛肉无膻味，口感好，野味足，有嚼劲"等特点。

玉树牦牛外貌特征为被毛毛色以黑褐色较多，占 71.55%，栗褐色占 5.47%，此外，还有黄褐色、灰花色和白色等；背线、嘴唇、眼眶周围短毛多为灰白色或污白色；头大，角粗壮，皮松厚，偏粗造型，前躯发达，后躯较差，鬐甲高、较宽长；尾短并有生蓬松长毛，前肢短而端正，后肢呈刀状，体侧下腹周生粗长毛，公牦牛裙毛长 14.57cm，母牛裙毛长 14.57cm。

体尺大，成年公母牦牛体高分别比环湖牦牛高 7cm 和 10cm 以上；体重大，成年公母牦牛体重较环湖牦牛高出 100kg 和 30kg 以上；早期生长速度快，屠宰率、净肉率高。胴体肌肉光泽润滑，肉色深红，脂肪淡黄色，肌纤维清晰有韧性，呈明显的大理石纹，弹性好，外表湿润，不粘手，无异味。

二、西藏自治区

西藏自治区的牦牛有 5 个品种：娘亚牦牛（嘉黎牦牛）、帕里牦牛、斯布牦牛、西藏高山牦牛、类乌齐牦牛。

（一）娘亚牦牛

娘亚牦牛属肉用型牦牛地方品种，又名嘉黎牦牛。娘亚牦牛原产地为西藏自治区那曲市嘉黎县，主要分布于嘉黎县东部及东北部各乡镇。

娘亚牦牛毛色以黑色为主，其他为灰、青、褐、纯白等色。头部较粗重，额平宽，眼圆有神，嘴方大，嘴唇薄，鼻孔开张。公牛雄性特征明显，颈粗短，鬐甲高而宽厚，前胸开阔、胸深、肋骨开张，背腰平直，腹大但不下垂，尻斜。母牛头颈较清秀，角间距较小，角质光滑、细致，鬐甲相对较低、较窄，前胸发育好，肋弓开张。四肢强健有力，蹄质坚实，肢势端正。

娘亚牦牛 2020 年存栏 12.8 万头，2021 年存栏 13.2 万头。娘亚牦牛犊初生重较大，公犊、母犊的平均初生重分别为 13.71kg、12.81kg；成年公、母牦牛平均体重分别为420.61kg、276.41kg；阉牦牛平均体重 473.21kg。阉牛屠宰率为 55.01%，净肉率为46.8%；母牦牛屠宰率为 49.52%，净肉率为 43.11%，全泌乳期产奶量 147.00kg。公、母牦牛平均每头产毛量分别为 0.69kg、0.18kg，娘亚牦牛平均产绒量为 0.61kg。

娘亚牦牛公牦牛性成熟年龄为 42 月龄，利用年限 12 年。母牦牛性成熟年龄为 24 月龄，初配年龄为 30～42 月龄，利用年限 15 年。每年 6 月中旬开始发情，7—8 月是配种旺季，10 月初发情基本结束；妊娠期 250d 左右，两年一产或三年两产。饲养管理较好的条件下，犊牛成活率可达 90%。

（二）帕里牦牛

帕里牦牛又名西藏亚东牦牛，属肉乳役兼用型牦牛地方品种。主产于西藏日喀则市的亚东县帕里镇和康布乡海拔 2 900～4 900m 的高寒草甸草场、亚高山（林间）草场、沼泽草甸草场、山地灌丛草场和极高山风化砂砾地。

帕里牦牛毛色较杂，以黑色为主，偶有纯白个体。头宽，额头平，颜面稍下凹。眼圆大、有神。鼻翼薄，耳较大。角从基部向外、向上伸张，角尖向内开展；两角间距较大，有的可达 50cm。公牦牛相貌雄壮，颈部短粗而紧凑，鬐甲高而宽厚，前胸深广；背腰平直，尻部欠丰硕，但紧凑结实；四肢强健较短，蹄质结实；全身毛绒较长，尤其是腹侧、股侧毛绒长而密。母牦牛颈薄，鬐甲相对较低、较薄，前躯比后躯发达，胸宽，背腰稍凹，四肢相对较细。

截至 2014 年，帕里牦牛存栏数为 2.04 万头，帕里有牦牛 6 681 头。5 岁成年帕里公、母牦牛平均体重分别为 288.01kg、217.11kg；成年牦牛平均产毛 0.15～0.50kg，产绒 0.15～0.41kg，平均屠宰率为 55.63%，全泌乳期产奶量平均为 199.80kg。

帕里牦牛公牛初配年龄 4.5 岁，一般利用至 13 岁左右。母牦牛 6～10 岁繁殖力最强，大多数两年一产。帕里牦牛季节性发情，每年 7 月进入发情季节，8 月为配种旺季，10 月底结束。发情持续期 8～24h，发情周期 21d，妊娠期 259d，翌年 3 月开始产犊，5 月为产犊旺季，6 月底产犊结束。

（三）斯布牦牛

斯布牦牛属肉乳兼用型牦牛地方品种。1995 年被列入《中国家畜地方品种资源图谱》。斯布牦牛原产地为西藏自治区斯布地区，中心产区是距离墨竹工卡县约 20km 的斯布山沟，东与工布江达县为邻。

斯布牦牛大部分个体毛色为黑色，个别掺有白色。公牦牛角基部粗，角向外、向上，角尖向后，角间距大。母牦牛角形相似于公牛，但较细，公、母牦牛均有少数无角个体。母牦牛面部清秀，嘴唇薄而灵活；眼有神，鬐甲微突，绝大部分个体背腰平直，腹大但不下垂；体型硕大，前躯发育良好，胸深，外形近似于矩形；蹄裂紧，但多数个体后躯股部发育欠佳。

2015 年存栏约 3 500 头。成年公、母牦牛平均体重分别为 375.51kg、211.71kg；公牦牛的屠宰率为 44.76%，母牦牛为 49.18%，阉牦牛为 53.10%；公牦牛的净肉率平均为 34.82%，母牦牛为 39.98%，阉牦牛为 42.30%；全泌乳期产奶量平均为 179.70kg；公、母牦牛年平均产毛量分别为 0.81kg、0.16kg，产绒量平均为 0.21kg。

斯布牦牛母牛一般 3 岁性成熟，4.5 岁初配，公牛 3.5 岁开始配种，但此时受胎率很低。母牦牛一般 7—9 月发情，发情持续期 1～2d，发情周期为 14～18d。种公牛利用年限为 14 年，母牦牛利用年限为 16 年，斯布牦牛的受胎率及犊牛成活率都较低。据统计，斯布牦牛的受胎率为 61.80%，繁殖率为 61.02%，成活率为 75%。

（四）西藏高山牦牛

西藏高山牦牛属乳肉役兼用型牦牛地方品种。1995 年全国畜禽品种遗传资源补充调查后命名并被列入《中国家畜地方品种资源图谱》。主产区位于西藏东部和南部高山深谷地区的高山草场，在海拔 4 000m 以上的高寒湿润草原地区也有分布。

西藏高山牦牛具有野牦牛的体型外貌。毛色较杂，全身黑色者约占 60%。头粗重，额宽平，面稍凹，眼圆且有神；嘴方大，唇薄；绝大多数有角，可根据角形分为山地牦牛和草原牦牛两个类群，草原型角为抱头角，山地型角则向外向上开张、角间距大。公牦牛鬐甲高而丰满，略显肩峰，雄性特征明显，颈厚粗短；母牦牛头、颈较清秀，角较细。公、母牦牛均无垂肉、前胸开阔，胸深，肋开张，背腰平直；腹大不下垂，尻较窄、倾斜；尾根低，尾短；四肢强健有力，蹄小而圆，蹄叉紧，蹄质坚实，肢势端正；前胸、臂部、胸腹及体侧长毛及地，尾毛丛生呈帚状。

西藏高山牦牛性成熟晚，大部分母牦牛在 3.5 岁初配，4.5 岁初产；公牦牛 3.5 岁初配，4.5～6.5 岁配种效率最佳。母牦牛季节性发情明显，7—10 月为发情季节，7 月底至 9 月初为旺季；发情周期为 18d 左右，发情持续期 16～56h（平均 32h）；妊娠期 250～260d，两年一产，繁殖成活率平均为 48.2%。

（五）类乌齐牦牛

类乌齐牦牛主要分布在西藏东部昌都市类乌齐县境内海拔 4 500 m 以上的高山草甸草原地区，属以产肉为主、肉乳兼用型牦牛。其形成历史悠久，经长期自群繁育，具有基本一致的外貌特征、繁殖性能和生产性能，在遗传上是一个宝贵的基因库，也是将来培育牦牛新品种或品系的重要基因资源。

2017 年，类乌齐牦牛存栏 17.1 万余头，年出栏 4.5 万余头。被毛以黑色为主，部分个体为黄褐色或带有白斑，少数有灰色；被毛为长覆毛，有底绒；额头毛短，无卷毛；前胸、体侧及尾部着生长毛，尾毛长而密，丛生如帚，尾长过飞节，绝大部分达后管。类乌齐牦牛体型略矮，体躯健壮，头部近似楔形、大小适中，一般都有角、呈小圆环、角细尖，嘴筒稍长，鼻镜多为黑褐色，部分为粉色，四肢粗短，蹄质结实。公牦牛头短宽，肩峰较小，前胸深宽，颈较短，无颈垂、胸垂及脐垂，尻短；母牦牛头长窄，颈薄，略有肩峰，背腰微凹，后躯发育较好，四肢相对较短。

类乌齐牦牛（公）屠宰率为 51.67%、净肉率为 42.54%、胴体产肉率为 82.33%；类乌齐牦牛（母）屠宰率为 48.53%、净肉率为 42.73%、胴体产肉率为 88.04%。类乌齐牦牛肉脂肪含量高，肉品风味好；蛋白质含量高，属优质高蛋白性食物。

类乌齐牦牛公牦牛一般 3.5 岁开始配种，6～9 岁为配种盛期，以自然交配为主。母牦牛为季节性发情，一般发情周期为 21d，发情持续时间为 24～26h，妊娠期 270～280d，翌年 5—6 月为产犊盛期；成年母牛一般两年一胎或三年两胎，一年一胎的比例不高，占适龄母牛的 15%～20%；一般出生率为 95%，当年牛犊成活率为 85%，繁殖成活率为 45%；繁殖年限为 10～12 年。

三、四川省

四川省的牦牛主要品种有 5 个：九龙牦牛、昌台牦牛、麦洼牦牛、金川牦牛、木里牦牛。

（一）九龙牦牛

九龙牦牛属肉用型牦牛地方品种，原产于四川省甘孜藏族自治州九龙县及康定市南部的沙德区海拔 3 000m 以上的灌丛草地及高山草甸。中心产区位于九龙县斜卡和洪坝,邻近九龙县的盐源县和冕宁县以及雅安市的石棉县等县也有分布。

九龙牦牛被毛为长覆毛,有底绒,额部有长毛,前额有卷毛。分为高大和多毛两个类型,多毛型产绒量比一般牦牛高 5～10 倍。基础毛色为黑色,少数黑白相间,鼻镜为黑褐色,眼睑、乳房为粉红色,蹄角为黑褐色。公牦牛头大额宽,母牦牛头小而狭长。耳平伸,耳壳薄,耳端尖。公母有角,角间距大,角形主要为大圆环角和龙门角两种。公牛肩峰较大,母牛肩峰小,颈垂及胸垂小。前胸发达开阔,胸较深。背腰平直,腹大不下垂,后躯较短,尻欠宽、略斜,臀部丰满。四肢结实,前肢直立,后肢弯曲有力,尾长至飞节,尾梢大,尾梢颜色为黑色或白色。

2021 年底,九龙牦牛存栏 140 062 头。九龙牦牛初生重较大,平均初生重 15.56kg(公犊牛 15.2kg,母犊牛 14.6kg)。平均 6.5 岁以上成年公、母牦牛体重分别达 541.32kg、323.42kg。九龙牦牛以肉役兼用为主,全泌乳期产奶量平均为 240.42kg。

九龙牦牛公牛初配年龄 48 月龄,母牛初配年龄 36 月龄,6～12 岁繁殖力最强。母牦牛发情持续期为 8～24h,发情周期平均 20.5d,妊娠期 255～270d,5 月为产犊旺季。犊牛断奶成活率平均为 80.9%。

3.5 岁公牛体高 114cm,母牛为 110cm;公牛体重为 270kg,母牛为 240kg。成年阉割牛屠宰率为 55%,净肉率为 46%,骨肉比为 1∶5.5,眼肌面积为 88.6cm²;成年公牛分别为 58%、48%、1∶4.8 和 83.7cm²;成年母牛分别为 56%、49%、1∶6.0 和 58.3cm²。驮载 60～70kg。泌乳期 5 个月,产奶量为 350kg,乳脂率 5%～7.5%。公牛产毛量为 13.92kg,母牛为 1.8kg,阉牛为 4.32kg,绒、毛各半。母牛初配年龄为 2～3 岁,公牛为 4～5 岁,一般三年两胎,繁殖率为 68%,成活率为 62%。

(二)昌台牦牛

昌台牦牛产区位于青藏高原东南缘,横断山系的沙鲁里山脉一带,是我国高原牧区宝贵的畜种遗传资源。其中心产区为四川省甘孜藏族自治州白玉县的纳塔乡、阿察乡、安孜乡、辽西乡、麻邛乡及甘孜藏族自治州昌台种畜场。

昌台牦牛以被毛全黑为主,前胸、体侧及尾部着生长毛。头大小适中,90%有角,角较细,颈部结合良好,额宽平,胸宽而深、前躯发达,腰背平直,四肢较短而粗壮、蹄质结实。公牦牛头粗短、鬐甲高而丰满,体躯略前高后低,角向两侧平伸而向上,角尖略向后、向内弯曲,眼大有神。母牦牛面部清秀,角细而尖,角形一致;鬐甲较低而单薄;体躯较长,后躯发育较好,胸深,肋开张,尻部较窄略斜。

2021 年底,昌台牦牛存栏 1 056 652 头。3.5 岁公牛体高 110cm,体重为 216kg;3.5 岁母牛体高 105cm,体重为 194kg。成年阉割牛屠宰率为 51.15%,净肉率为 40.54%,骨肉比为 1∶3.73。泌乳期 5 个月,产奶量 357.76kg。

公牦牛一般 3.5 岁开始配种,6～9 岁为配种旺盛期,以自然交配为主。母牦牛为季节性发情,发情季节为每年的 7—9 月,其中 7—8 月为发情旺季。发情周期 18.2d± 4.4d,发情持续时间 12～72h,妊娠期 255d±5d,繁殖年限为 10～12 年,一般三年两胎,繁殖成活率为 45.02%。

（三）麦洼牦牛

麦洼牦牛原产地为四川省阿坝藏族羌族自治州，中心产区为红原县麦洼、色地、瓦切、阿木等乡镇，是在川西北高寒生态条件下，经长期自然选择和人工选择形成的肉乳性能良好的草地型牦牛地方品种。主产地阿坝、若尔盖、红原、松潘、壤塘等县的高寒地区，海拔在 3 400~3 600 m，因为中心产地原属于麦洼部落所以命名为麦洼牦牛。

麦洼牦牛毛色多为黑色，全身被毛丰厚、有光泽，头大小适中、额宽平、着生长毛，前额有卷毛，眼中等大小，鼻孔大，鼻翼和唇较薄，鼻镜小，耳平伸，耳壳薄，多数有角。公牦牛角粗大，从角基部向两侧、向上伸张，角尖略向后、向内弯曲。母牦牛角细短、尖，角形不一，多数向上、向两侧伸张，然后向内弯曲。公牦牛肩峰高而丰满，母牦牛肩峰较矮而单薄。颈垂及胸垂小。体格较大，体躯较长，前胸发达，胸深，肋开张，背稍凹，后躯发育较差，胸大、不下垂。背腰及尻部绒毛厚，体侧及腹部粗毛密而长，裙毛覆盖住体躯下部。四肢较短，蹄较小，蹄质坚实。尻部短而斜，尾梢大。

2021 年底，麦洼牦牛存栏 170 万头。麦洼牦牛初生重较小，公犊、母犊平均初生重分别为 13.42kg、11.92kg。6 岁成年公牛体重 324.42kg，成年母牦牛体重 221.42kg，成年阉牛体重为 378.82kg。全泌乳期产奶量平均为 244.02kg。成年阉牛平均屠宰率为55.32%，净肉率为 42.92%。成年公、母牦牛剪毛绒量平均分别为 1.43kg、0.35kg。

麦洼牦牛公牦牛初配年龄为 30 月龄，6~9 岁为配种旺盛期。母牦牛初配年龄为 36 月龄，发情季节为每年 6—9 月，7—8 月为发情旺季，发情周期 18.2d±4.4d，发情持续期 12~16h，妊娠期 266d±9d。

（四）金川牦牛

金川牦牛又称多肋牦牛或热它牦牛，属肉用型牦牛资源，比一般牦牛多一对肋骨，在肉、奶等生产性能上更为优异。产区位于四川省阿坝藏族羌族自治州金川县境内海拔3 500m 以上的高山草甸牧场。中心产区为毛日、阿科里乡。

金川牦牛被毛细卷，基础毛色为黑色，头、胸、背、四肢、尾部白色花斑个体占52%，前胸、体侧及尾部着生长毛，尾毛呈帚状，白色较多，体躯较长、呈矩形。公、母牦牛有角，呈黑色；鬐甲较高，颈肩结合良好；前胸发达，胸深，肋开张；背腰平直，腹大不下垂；后躯丰满，肌肉发达，尻部较宽、平；四肢较短而粗壮，蹄质结实。公牦牛头部粗重，体型高大，雄壮彪悍。母牦牛头部清秀、后躯发达、骨盆较宽，乳房丰满，性情温和。

2021 年底，金川牦牛存栏 6.9 万头。金川牦牛母牛性成熟早，初配年龄为 2.5 岁，发情季节为每年的 6—9 月，7—8 月为发情旺季，发情周期为 19~22d，发情持续期为48~72h。公牦牛初配年龄为 3.5 岁，5~10 岁为繁殖旺盛期。80%以上的母牦牛一年一产，繁殖成活率为 85%~90%。

（五）木里牦牛

木里牦牛属肉用型牦牛地方品种。原产地为四川省凉山彝族自治州木里藏族自治县海拔 2 800m 以上的高寒草地。中心产区位于木里藏族自治县，在冕宁、西昌、美姑、普格等县市均有分布。

木里牦牛毛色多为黑色，鼻镜为黑褐色，眼睑、乳房为粉红色，蹄、角为黑褐色。被毛为长覆毛、有底绒，额部有长毛，前额有卷毛。耳小平伸，耳壳薄，耳端尖。公、母牦牛都有角，角形主要有小圆环角和龙门角两种。公牦牛头大、额宽，颈粗、无垂肉，肩峰高耸而圆突。母牦牛头小、狭长，颈薄，鬐甲低而薄。体躯较短，胸深宽。肋骨开张，背腰较平直，四肢粗短，蹄质结实。脐垂小，尻部短而斜。尾长至后管，尾稍大。

2021年底，木里牦牛共存栏6.9万头。6岁成年公、母牦牛体重分别约为360.00kg、240.00kg，全泌乳期产奶量约为400.00kg，屠宰率为53%，木里牦牛年平均产毛量0.50kg。

木里牦牛公牛性成熟年龄为24月龄，初配年龄为36月龄，利用年限6~8年。母牛性成熟年龄为18月龄，初配年龄为24~36月龄，利用年限13年，繁殖季节为7—10月，发情周期21d，妊娠期255d，犊牛成活率为97%。

四、甘肃省

甘肃省的牦牛主要品种有2个：天祝白牦牛、甘南牦牛。

(一) 天祝白牦牛

天祝白牦牛属肉毛兼用型牦牛地方品种，1988年被列入《中国牛品种志》，2000年被列入《国家级畜禽品种资源保护名录》。2007年天祝白牦牛主产区被确定为国家级畜禽品种资源保护区。天祝白牦牛产于甘肃省武威市天祝藏族自治县，是我国稀有而珍贵的牦牛地方品种。

天祝白牦牛被毛纯白，体态结构紧凑，有角或无角。鬐甲隆起，前躯发育良好，荐部较高。四肢结实，蹄小，质地密，尾形如马尾。胸部、后躯、四肢、颈侧、背腰及尾部着生较短的粗毛及绒毛，腹下着生长而粗的裙毛。公牦牛头大、额宽、头心毛卷曲，有角个体角粗长，颈粗，雄性特征明显，鬐甲显著隆起，睾丸紧缩，悬在后腹下部。母牦牛头清秀，角较细，颈细，鬐甲隆起，背腰平直，腹部较大但不下垂，乳房呈碗碟状，乳头短细，乳静脉不发达。

天祝白牦牛母牦牛初配年龄为2~4岁，一般4岁才能体成熟，妊娠期260d左右，公牦牛初配年龄为3~4岁，公母牦牛配种比例为1：(15~25)、利用年限为4~5年。繁殖成活率63%左右。

(二) 甘南牦牛

甘南牦牛属肉用型牦牛地方品种，主产区为甘南藏族自治州，以夏河县、碌曲县、玛曲县为中心产区，在该州其他各县（市）也有分布，是经过长期自然选择和人工培育而形成的能适应当地高寒牧区的牦牛地方品种。

甘南牦牛毛色以黑色为主，间有杂色。体质结实，结构紧凑，头较大，额短而宽并稍显突起。鼻孔开张，鼻镜小，唇薄灵活，眼圆、突出有神，耳小灵活。母牛多数有角，角细长。公牛有角且粗长，角距较宽，角基部先向外伸，然后向后内弯曲呈弧形，角尖向后。颈短而薄，无垂皮，脊椎的棘突较高，背稍凹，前躯发育良好。尻斜，腹大，四肢较短，粗壮有力，后肢多呈刀状，两飞节靠近。蹄小坚实，蹄裂紧靠。母牦牛乳房小，乳头短小，乳静脉不发达。公牦牛睾丸圆小而不下垂。尾较短，尾毛长而蓬松，形如帚状。

甘南牦牛公牦牛10~12月龄即有明显的性反射，初配年龄为30~38月龄。母牦牛初情期为 30～36 月龄，呈季节性发情，发情旺季为 7—9 月，发情周期 18～24d，发情持续期 10～36h，平均 18h。母牦牛情期受胎率约为 80％，妊娠期 250～260d，产犊集中于 4—6 月。甘南母牦牛一般三年两胎，少数一年一胎或两年一胎，繁殖成活率 45％～50％。

五、新疆维吾尔自治区

新疆维吾尔自治区的牦牛主要品种有 1 个：巴州牦牛。

巴州牦牛属肉乳兼用型牦牛地方品种。1995 年被列入《中国家畜地方品种资源图谱》。巴州牦牛主产区在天山中部山区，分布在和静、和硕、博湖、且末、若羌等县，其中和静县的巴音布鲁克草原为中心产区，地形以山地为主，草场多为亚高山草甸，牧草以禾本科草为主，海拔在 2 400～2 700m。

巴州牦牛被毛以黑、褐、灰色（又称青毛）为主。体格大，偏肉用型，头较重而粗，额短宽，眼圆大、稍突出。额毛密长而卷曲。鼻孔大，唇薄。有角者居多，角细长，向外、向上前方或后方张开，角轮明显。耳小稍垂，体躯长方，鬐甲高耸，前躯发育良好。胸深，腹大，背稍凹，后躯发育中等，尻略斜，尾短而毛密长，呈扫帚状。四肢粗短有力，关节圆大，蹄小而圆，质地坚实。全身披长毛，裙毛长而不及地。

2013 年底，巴州牦牛存栏大约为 11.6 万头。成年公、母牦牛体重分别为 367.00kg、264.00kg，公犊、母犊初生重分别为 15.44kg、14.16kg，母牦牛年均产奶量 260.00kg，公、母牦牛年产绒量分别为 2.91kg、2.81kg，成年公牦牛屠宰率平均为 48.61％、净肉率平均为 31.97％。

巴州牦牛一般 3 岁开始配种，每年 6—10 月为发情季节。上年空怀母牦牛发情较早，当年产犊的母牦牛发情推迟或不发情，膘情好的母牦牛多在产犊后 3～4 个月发情。发情持续期平均为 32h（16～48h），发情率一般为 58％（49％～69％），妊娠期平均为 257d。公牦牛一般 3 岁开始配种，4～6 岁最强，8 岁后配种能力逐步减弱，3～4 岁的公牦牛一个配种季自然交配可配 15～20 头母牦牛。巴州牦牛的繁殖成活率为 57％；初生重公犊牛平均为 15.39kg、母犊牛为 14.42kg；平均活重 1 岁公牦牛 68.76kg，母牦牛为 71.58kg。

六、云南省

云南省的牦牛主要品种有 1 个：中甸牦牛。

中甸牦牛又称为香格里拉牦牛，是以产肉为主的牦牛地方品种，主产于云南省香格里拉市（原中甸县），周边中山温带区的山地也有零星分布。

中甸牦牛毛色以黑褐色为主，皮肤主要为灰黑色，少数为粉色。头中等大小而宽短，公牦牛粗重趋于方形，母牦牛略清秀。额宽稍显穹隆，额毛丛生，公牦牛多为卷毛，母牦牛稍稀短。嘴宽大，嘴唇薄而灵活。眼睛大而突出。鼻长且微陷，鼻孔较大。耳小平伸。公、母牦牛均有角，角间距大、角基粗大、角尖多向上向前开张呈弧形，无角个体极少见。颈短薄，公牦牛稍粗厚，无颈垂。颈肩、肩背结合紧凑。胸深而宽广，公牦牛较母牦牛发达、开阔，无胸垂，鬐甲稍耸向后渐倾，背平直、较短，腰稍凹，十字部微隆，肋骨稍开张，腹大不下垂，尻斜短或圆短，尾较短，尾毛蓬生如帚状。四肢坚实，前肢开阔直立，后肢微曲，蹄大钝圆质坚韧。母牦牛乳房较小，乳头细短，乳静脉不发达。公牦牛睾丸较小，阴鞘紧贴腹部。全身被毛密长，长毛下着生细绒，裙毛长及地。

6 岁成年中甸牦牛体重平均为 287.00kg，6 岁公、母牦牛的平均体重分别为 321.00kg、198.00kg，阉牦牛的平均体重为 342.00kg；平均屠宰率达 48.48%，其中公牦牛 45.51%，母牦牛 45.18%，阉牦牛 54.76%；平均净肉率达 37.17%，其中公牦牛 32.32%，母牦牛 34.12%，阉牦牛 45.11%；母牦牛全泌乳期平均泌乳量为 216.00kg；成年公、母牦牛的平均剪毛绒量分别为 3.25kg、1.32kg，含绒率分别为 15.12%、16.31%。

公牦牛 24～36 月龄性成熟，母牦牛 26～42 月龄性成熟。公牦牛初配年龄平均 30 月龄，母牦牛平均 36 月龄。一般 7—10 月配种，次年 3—7 月产犊，发情周期 19d，妊娠期 259d，初生重公犊牛平均为 19.0kg、母犊牛 18.7kg。一般犊牛随母牦牛放牧至下一胎犊牛生产时才强制断奶，犊牛成活率为 90.0%。

第二节　培育品种

我国牦牛的培育品种有 2 个：大通牦牛、阿什旦牦牛。

（一）大通牦牛

大通牦牛属肉用型牦牛培育品种，是我国第一个人工培育的牦牛品种。

大通牦牛外貌具有明显的野牦牛特征，其嘴、鼻镜、眼睑为灰白色，具有清晰可见的灰色背脊线，毛色全黑或夹有棕色。公牦牛有角，头粗重，颈短厚且深；母牦牛头长、清秀，眼大而圆，绝大部分有角，颈长而薄。鬐甲高而颈峰隆起（公牦牛更甚），背腰部平直至十字部稍隆起。体格高大，体质结实，发育好，呈现肉用体型。体侧下部密生粗长毛，体躯夹生绒毛和两型毛，裙毛密长，尾毛长而蓬松。

截至 2010 年存栏数为 2 万头，初生重公牦牛平均为 18.19kg、母牦牛平均为 17.98kg，屠宰率平均为 47.35%，净肉率平均为 37.46%。成年公、母牦牛平均产毛总量分别为 1.99kg、1.52kg，平均产绒总量分别为 0.85kg、0.63kg，成年母牦牛全泌乳期产奶量平均为 262.00kg。

大通牦牛生长发育速度快，初生、6 月龄、18 月龄体重比家牦牛群平均高 15%～27%，犊牛越冬死亡率由同龄家牦牛群体的 5% 降低到 1%，3.5 岁母牦牛即可初产，受胎率可达 70%，24～28 月龄公牦牛即可正常采精，母牦牛多数为三年两产，产犊率为 75%。

（二）阿什旦牦牛

阿什旦牦牛属肉用型牦牛培育品种，是我国第二个人工培育的牦牛品种。

阿什旦牦牛以被毛黑褐色和无角为重要外貌特征，体质结实，结构匀称，发育良好。头部轮廓清晰，顶部稍隆，额毛卷曲，鼻孔开张，嘴宽阔，鼻镜、嘴唇多为灰白色。体躯结构紧凑，背腰平直，前躯、后躯发育良好。四肢端正，左右两肢间宽，蹄圆缝紧，蹄质坚实。被毛丰厚有光泽，背腰及尻部绒毛厚，各关节突出处、体侧及腹部粗毛密而长，尾毛密长、蓬松。公牛雄性明显，头粗重，颈粗短，鬐甲隆起，腹部紧凑，睾丸匀称，无多余垂皮。母牛清秀，脸颊稍凹，颈长适中，鬐甲稍隆起，腹稍大，不下垂，乳房发育好，乳头分布匀称。

公牦牛性成熟 3 岁，初配年龄 4 岁，体成熟 4～5 岁，利用年限 8 年左右，配种旺盛期 4.5～8.5 岁。采精公牦牛每次射精量 2～4mL。母牦牛初情期 1.5～2.5 岁，初配年龄 3 岁，体成熟 4 岁，发情周期 16～25d，发情持续期 1～2d，妊娠期 250～260d，繁殖年龄 3～15 岁，利用年限 10 年左右。在自然群体中，公母适宜比例为 1∶（15～25），繁殖率 70%～90%，繁殖成活率 60%～85%，两年连产率 50%～65%，三年连产率 25%～40%。

第三节　原始品种（野牦牛）

野牦牛是青藏高原现存特有的珍稀野生牛种之一，属于国家一级保护动物。一般生活在青藏高原 4 000～5 000m 的高山峻岭之中，性喜群居，数十头甚至数百头成群生活在一起，善于攀高涉险，性情凶猛暴躁，适应性极强。目前中国野牦牛约 4 万头左右，其中西藏约 2 万头，青海约 1.7 万头，新疆、甘肃等地约 0.3 万头，是家牦牛改良复壮、提高生产性能的主要父本。

野牦牛全身被毛粗而密长，腹部、肩部及关节处毛不长，裙毛及尾毛几乎垂到地面，毛色为黑色或者黑褐色，鼻镜、面部及背线的毛色较浅，近似为灰白色。体格大；头长而粗重；角粗长，先向两侧弯曲，再向后翘起，呈圆锥形。野牦牛颈短而多肉，颈峰高而隆起，胸宽而深，四肢强壮，蹄大而圆，体质结实。雌性野牦牛相对单薄。成年野牦牛体高在 165～200cm，活重约 500kg。每到寒冷季节，成群结队聚集在平坝过冬，到暖季又迁移到雪线附近进行休养生息，有的野牦牛群常向北迁入祁连山腹地。

野牦牛的配种季节为 7—9 月，产犊季节为 3—6 月。雄性野牦牛在繁殖季节会混入附近的家牦牛群中配种。在配种季节由野牦牛和家牦牛交配而获得的后代，在体格大小和抗病力等方面比家牦牛有不同程度的提高，但性情较野。

第四节　优异种质资源

农业种质资源是国家战略性资源，事关种业振兴全局。为了加快摸清资源家底、实施抢救性收集保护、发掘一批优异新资源，2021 年 3 月，我国启动新中国历史上规模最大的农业种质资源普查工作，并取得了阶段性进展。经过遴选，农业农村部 2021 年 11 月 23 日发布了 10 大农作物、10 大畜禽、10 大水产优异资源。其中，10 大畜禽优异种质资源有查吾拉牦牛、帕米尔牦牛、凉山黑绵羊、玛格绵羊、岗巴绵羊、霍尔巴绵羊、多玛绵羊、苏格绵羊、泽库羊、阿克鸡。

（一）查吾拉牦牛

查吾拉牦牛（Chawula yak）属肉乳兼用地方牦牛。中心产区为西藏那曲市聂荣县查当乡、永曲乡、桑荣乡、索雄乡和当木江乡，平均海拔 4 700m 以上，2020 年底种群存栏量 72 355 头。栖息地草场属高寒草原和高原草甸草原类，植被丰富。

查吾拉牦牛体质结实，背腰微凹，被毛长且覆毛有底绒，全身毛绒密布，下腹着生裙毛，尾毛如帚，毛色以黑色为主，间有白斑，少数有褐色；公母牛均有角，角色为黑褐色，额部多有短卷毛，嘴部多为黑色、个别呈白粉状，鼻镜黑褐色、个别粉色，耳平伸，耳端钝厚，有胸垂及脐垂，蹄质坚实。公牦牛头大且短宽，面宽平，角基粗壮，鬐甲高耸，睾丸大小适中、紧贴腹部；母牛面清秀，乳房呈碗碟状，乳头细小而紧。查吾拉牦牛屠宰率为 50% 左右，胴体产肉率分别为 80.0% 和 83.0%。查吾拉牦牛肉富含硒、铁、维生素 E 等矿物质和微量元素；全年平均产奶量 290kg，初配年龄为 35 岁，一般两年一胎或三年两胎。季节性发情，一般繁殖率为 58%，犊牛成活率为 90%。

查吾拉牦牛经过长期自然与人工选择，已形成体格大、体质结实、资源特性突出、生产性能高、具有高海拔生态环境适应能力的牦牛类群，是当地牧业经济发展的重要资源。

（二）帕米尔牦牛

帕米尔牦牛（Pamir yak）属乳肉毛兼用地方牦牛。中心产区在新疆的克孜勒苏柯尔克孜自治州阿克陶县和喀什地区塔什库尔干塔吉克自治县，分布在东帕米尔高原的 4 000 m 以上的高寒山区，现存栏量 184 万头，其中克孜勒苏柯尔克孜自治州 128 万头，喀什地区 5.6 万头。

帕米尔牦牛是一个古老的原始品种，因帕米尔高原而得名，当地俗称塔县牦牛或克州牦牛。对高原荒漠、极端干燥环境适应性强，是经长期自然选择和当地群众民间选育，逐渐形成的适应高原荒漠草原的牦牛地方资源。帕米尔牦牛体格粗壮结实，善爬陡峭山路，毛色较杂，以黑色、灰褐色为主，在常年放牧条件下，成年公、母牦牛体重分别为 375.8kg、262.2kg，是当地塔吉克族和柯尔克孜族乳、肉、毛等重要生活物资的来源，也是山区托运物资的重要交通工具、固疆守边的戍边牛。

随着人民群众对高品质绿色食品需求的增长，帕米尔牦牛的开发利用前景广阔。目前，塔什库尔干塔吉克自治县、阿克陶县在帕米尔高原大力发展牦牛养殖和繁育工作，组织开展群众性的本品种选育，提高生产性能，增加农牧民牦牛养殖效益。

◆ 思 考 题

简述我国牦牛的主要品种及其主要生产性能。

第六章 牦牛的遗传育种和繁殖

第一节 牦牛的遗传育种

一、牦牛的遗传特性

牦牛二倍体细胞染色体数目为 30 对（$2n=60$），雄性为 29 对常染色体和 1 对性染色体 XY，雌性为 29 对常染色体和 1 对性染色体 XX。

牦牛作为青藏高原的最重要畜种，其肉、乳、皮毛、粪便等均是牧民主要的生活与生产资料来源，是当地牧民生存的基本条件之一，具有重要的经济生产功能。同时，牦牛对于青藏高原生态安全也具有重要意义。牦牛作为一种"全能"家畜，对青藏高原生态环境具有适应性（耐缺氧特性、耐寒惧热特性、独特的采食特性以适应高原牧草低矮、稀疏、枯草期长的环境），在遗传上是一个极为宝贵的基因库。在国际畜种基因多样性日趋贫乏的今天，开发利用、保存提高这一宝贵的基因库，无疑会使曾经在人类的进步史上起过重大作用的古老畜种，在今后的家畜育种和遗传工程中发挥更大的作用，有着不可忽视的社会、经济及生态意义。

二、牦牛的育种方法

（一）本品种选育

本品种选育是指本品种内部采取选种选配、品系繁育、改善培育条件等措施，以提高品种性能的一种方法。本品种选育的任务是保持和发展品种的优良性，增加种群中优良个体频率，克服品种某些缺点以及提高其生产性能。

本品种选育是提高牦牛生产性能、防止品种退化的有效途径，尤其在青藏高原不宜饲养黄牛或普通牛的高海拔牧区，本品种选育是优化牦牛的最重要途径。天祝白牦牛、九龙牦牛、麦洼牦牛就经过本品种选育，明显提高了各项生产性能指标。如九龙牦牛经过长达 130 多年的封闭选育形成了在国内外牦牛品种中体型最大、产肉性能较好的品种；天祝白牦牛经过近年来的选育，白牦牛数增加 2 个百分点，成年牦牛体高、体长、体重、产绒量和产肉量分别增加 2.06cm 、2.28cm、9.49kg、0.2kg 和 5.58kg（陈宏等，2008）；麦洼牦牛经 5 年的选育，核心群的繁殖成活率达 54.8%，3 胎以上母牦牛 153d 产奶量达 252.22kg，3.5 岁阉牛平均体重达 224.51kg，均高于其他牦牛群体（林金杏等，2007）。对于列入《国家级畜禽遗传资源保护名录》的青海高原牦牛、天祝白牦牛、帕里牦牛、九龙牦牛，要加强本品种选育，不断提高生产性能。

然而，牦牛育种中也存在一些问题。如牦牛数量遗传学研究资料十分有限，选择育种缺乏遗传力、遗传相关等重要遗传参数作为指导，实践中只能根据表型选择，无法预知后代性状的表现和环境因素的影响大小，故使选择具有盲目性，同其他畜种相比遗传进展较小。因此，今后应加强数量遗传学基础研究，制订各牦牛品种的长期选育方案，对它们不断进行选育。同时，借用其他畜种中的研究成果，系统分析研究牦牛主要经济性状的DNA标记和主基因，通过DNA标记辅助选择和主基因选择提高牦牛的生产性能。

（二）杂交育种

杂交育种是指用2个或2个以上品种（品系、种）相杂交，创造出新的变异类型，然后通过手段将它们固定下来，以培育新品种或改进某品种的个别弱点。

1. 牦牛的杂交育种方法 包括品种（系）间杂交育种、家野牦牛间杂交育种和种间杂交育种。

（1）品种（系）间杂交育种：牦牛品种间杂交的效果差异很大，有的杂交效果较好，有的杂交效果不理想，如九龙牦牛与麦洼牦牛的杂交，F_1代成年牛的体重和胴体重分别比麦洼牦牛高24％、25％，九龙牦牛对麦洼牦牛有一定的改良作用；天祝白牦牛与巴州牦牛杂交，F_1代牦牛生长发育快，成熟早，生长周期比巴州牦牛短，肉、乳产量比巴州牦牛高1倍以上（钟金城等，2006）；但九龙牦牛与青海、甘肃等地的牦牛品种杂交，其效果不够理想。牦牛品种间杂交效果的这些差异可能是由于杂交双方的遗传结构及对杂交后代的选择和培育的差异造成的。因此，在开展牦牛品种间的杂交育种时，选择好杂交所用的品种和个体是十分重要的。

（2）家野牦牛间杂交育种：野牦牛是青藏高原珍贵的野生牛种资源，属国家一级保护动物；对青藏高原恶劣生态环境条件具有极强的适应能力，是家牦牛改良复壮的重要遗传资源之一。中国农业科学院兰州畜牧与兽药研究所和青海大通种牛场培育的含1/2野牦牛基因的大通牦牛具有肉用性能好、抗逆性强、体型外貌一致、遗传性稳定等优良特征，产肉量比家牦牛提高20％，产毛、绒量提高12％，繁殖率提高15％～20％。家野牦牛间杂交育种已成为青藏高原牦牛产区及毗邻地区广泛推广应用的牦牛复壮技术，对我国牦牛整体改良和生产性能的提高具有重要作用。

（3）种间杂交育种：在青藏高原及其周围地区，牦牛与普通牛进行种间杂交，据蔡立教授研究认为至少已有3000多年的历史。国内系统地有记载的杂交试验开始于20世纪40年代初，当时青海大通和西康的康定先后引入黑白花牛进行杂交。20世纪50年代中期到60年代末，四川、青海、甘肃、西藏等省（自治区）均引入普通牛品种公牛同牦牛杂交，但由于引入品种不适应高寒气候环境条件，杂交效果不理想，杂交工作无法持续。1976年以后蔡立等国内一批牦牛科研工作者试验成功用普通牛的冷冻精液可进行牦牛种间杂交改良后，才使牦牛的种间杂交得以推广应用。国内外的许多研究结果均表明，牦牛与普通牛种间杂交的F_1代杂种，在生长发育、产奶、产肉等性能方面都能表现出显著的杂种优势，可大幅度提高牦牛业的经济效益。蔡立等从1976年至1982年在川西北草原上，用黑白花牛、西门塔尔牛、肉用短角牛、海福特牛、夏洛来牛的冷冻精液与母牦牛杂交，各杂交组合犏牛的初生重、6月龄重、初生到6月龄的日增重、17月龄的体尺和体重均比牦牛大，表现出显著的杂种优势。其中初生重以夏犏牛最大，比牦牛高 87.75%（♂）和 112.86%（♀）；初生到 6 月龄的平均日增重以黑犏牛最大，比牦牛高 77.10%（♂）和 56.01%（♀）；17 月龄体重以黑犏牛最大，比牦牛高 80.67%（♂）和 67.33%（♀）；产奶量可比牦牛提高 2～3 倍（欧江涛等，2003）。牦牛同普通牛种间杂交的 F_1 代杂种犏牛虽然具有明显的杂种优势，但由于杂种雄性不育，杂种优势的利用和新型牛种的培育均受到了极大的限制。因此，今后牦牛种间杂交的研究应以解决或绕过犏牛雄性不育这一问题来开展。

2. 牦牛的杂交育种方式　根据育种目的，分为经济性杂交和育种性杂交两类。

（1）经济性杂交：我国牦牛产区通用的经济性（生产性）杂交有两品种杂交繁育一代、三品种杂交繁育二代，还有两品种或三品种轮回杂交。这些经济性杂交目前是适合产区生态条件的。

①两品种杂交繁育一代：依据我国牦牛产区多年的反复实践与研究，在海拔 3 000～3 500m 的地区以普通牛中的黑白花牛与牦牛杂交为宜，在海拔 3 500m 以上地区宜用肉用牛种与牦牛杂交，其杂交后代称为犏牛。其中，以牦牛为母本的犏牛称为真犏牛，而以牦牛为父本的犏牛称为假犏牛；无论真假犏牛，公犏牛均不育（3 代以后可育），母犏牛均可正常繁殖。与牦牛相比，犏牛有如下杂交优势。

a. 生长发育快，产肉性能高：杂交改良牛 2.5 周岁时的体躯大小几乎与成年牦牛一样。如青海省大通种牛场仅对杂种牛在哺乳期不挤母牛奶，于 2.5 周岁时，黑白花公牛杂交一代母牛体高平均为 113.98cm，体长 122.25cm，胸围 164.50cm，体重 260.36kg，分别比成年母牦牛多 7.88cm、5.15cm、8.40cm、40kg 左右。新疆维吾尔自治区农垦 104 团利用肉用牛（含海福特牛、夏洛来牛）、兼用牛西门塔尔牛与牦牛杂交。其后代 6 月龄体重平均达 152kg（青海省果洛州乳品厂 122kg，大通种牛场 121.64kg），18 月龄体重平均 278kg，高的达 300kg 以上（青海省果洛乳品厂 229kg，大通种牛场 211.1kg），比同在哺乳期不挤母牛奶、冷季不补饲条件下的同龄牦牛体重分别重 41.113kg 或 135kg。甘肃省甘南藏族自治州畜牧科学研究所采取哺乳期对母牦牛日挤奶一次的方式，6 月龄黑白花牛×牦牛的改良牛平均体重 98.61kg，18 月龄平均体重 194.27kg，比同龄、同培育条件的牦牛分别重 38.75kg、74.53kg，6 月龄肉用牛×牦牛的改良牛体重平均 93.84kg，18 月龄 188.59kg，比同龄、同培育条件的牦牛分别重 34.08kg、68.85kg。

青海省大通种牛场屠宰哺乳期不挤母牛奶的黑白花牛×牦牛，6 月龄公改良牛平均体重 131.33kg，胴体重 60.90kg，屠宰率 45.7%，净肉率 34.75%，胴体重比同龄、同性别、同培育条件的牦牛重 7.53kg；17 月龄平均体重 224.63kg，胴体重 105.57kg，屠宰率 47.00%，净肉率 36.70%，胴体重比同龄、同性别牦牛重一倍以上。四川省资料显示，在牛哺乳期，日挤母牦牛奶两次，30 月龄平均体重 381.18kg，胴体重 194.40kg，屠宰率 51%，胴体重相当于成年牦犍牛。新疆 104 团屠宰哺乳期全吮母牛奶的肉用牛×牦牛，7 月龄最高的体重为 196.90kg（苏联 6 月龄 136.2～188.0kg），胴体重 103.2kg，屠宰率 52.40%，净肉率 44.20%；18 月龄体重 278kg（苏联 319～327.8kg），胴体重 136.7kg，屠宰率 49%，净肉率 40.4%，胴体重分别比同龄、同性别、同培育条件的牦牛重 82.60kg、75kg（高的 300kg 以上，胴体重 150kg 以上，达到发达国家同龄肉牛一般育肥的同等水平）。青海省大通种牛场与新疆 104 团肉用牛×牦牛的杂种牛相同培育条件下，6 月龄公犊牛平均体重为 124.5kg，胴体重 60.5kg，屠宰率 48.59%，净肉率 36.55%，18 月龄平均体重为 221.9kg，胴体重 109.28kg，屠宰率 49.25%，胴体重比同龄、同培育条件的牦牛分别重 7.13kg、49.28kg，果洛州乳品厂 18 月龄公牛平均体重为 225kg，胴体重 129.67kg，屠宰率 57.67%，净肉率 46.6%，胴体重比同龄、同性别、同培育条件的牦牛重 60.57kg。

b. 肉质好、价值高：改良牛肉经品质评定，认为本地改良牛（犏牛）肉色比本地牦牛肉色浅，肉嫩味鲜，在国际市场上深受欢迎。

c. 产奶量高、乳脂总产量多：改良牛一般日挤奶两次，平均奶量为 2.5～3.0kg，其中，以黑白花牛×牦牛的改良牛最好，日平均可达 5.5kg±2.3kg，如果日补饲混合精饲料 1～2kg，日平均可达 14kg，在青草期不补料，20 岁的老年牛日挤奶量仍可达 5～7kg，初产 5 个月挤奶量达 700kg 左右，比同胎次牦牛高 2 倍以上，有的高达 4 倍。5 个月乳脂量近 40kg（乳脂率 5% 以上，较牦牛低 1%～2%）。

d. 力大、役用广：阉改良牛不仅具有高出阉牦牛驮重的特点，而且比牦牛还善于耕地，挽车和骑乘用效果好。双套双轮双铧犁可日耕地 5～10 亩（1 亩≈666.7m²），与三套马成绩一样，但比马持久力长。

e. 适应性能好，繁殖力高：改良牛比牦牛适应性能有所扩大，它不仅具有牦牛生活在高寒生态环境的特性，并能生活在牦牛不宜生活的低海拔（1 000m 左右）的地区，同时生产性能也较高。另外，还显示出性成熟早、繁殖力高等优点。据各省（自治区）产区报道，改良牛性成熟年龄比牦牛早一年，繁殖成活率无论自然本交或冻精人工授精均可达 60%～70%，比当前牦牛繁殖成活率高 20%～50%。

f. 性情温顺，使用年限长：改良牛易调教，人易接近，一般使用 20 年。

②三品种杂交繁育二代：三品种杂交繁育二代俗称尕里巴牛或阿呆牛、二裔子牛。这种牛的杂交繁育按以下组合进行杂交最为理想（图 6-1）。即：

牦牛♀×黑白花牛♂

↓

F₁：杂交一代犏牛♀×肉用牛（或黑白花牛、西门塔尔牛）♂

↓

尕里巴牛

图 6-1 尕里巴杂交繁育

尕里巴牛以改良种牛的后代最好，这种牛适合在城市郊区、农区饲养。其优点如下。

a. 适应低海拔地区：尕里巴牛在高寒地区适应性能有所减退，在低海拔地区、温暖地区与黄牛一样能适应，且生产性能较好。

b. 产奶量较高：在较好的饲养管理条件下，第一胎次 305d 产奶量达 2 000kg，含脂率 4.3%～4.5%，最高日产奶量 13.8kg；第二胎次 305d 产奶量近 3 000kg，最高日产奶量 18.2kg，相当于低产乳用牛或兼用牛的产奶量。

c. 增重较快，产肉多：青海省大通种牛场用肉用牛与一代改良牛杂交的尕里巴牛，采取哺乳期不挤母奶、初冬断奶，冷季每日补饲精料 0.5kg、干草 1.0～1.5kg，全期补饲料 77.5～95.0kg、干草 155～235kg 的结果为：哺乳期平均日增重 691.0g（公牛）、

721.6 g（母牛），补饲期平均日增重 90.04～94.80g。一岁半时公牛体重达 208.10kg±25.42kg，胴体重 99.71kg±15.65kg，屠宰率 47.98%±5.23%，净肉率 35.87%±5.13%，其胴体重比同龄、同性别、哺乳期日挤奶 1～2 次的牦牛重 52.51kg（111.25%）。

d. 性温顺：尕里巴牛比犏牛易调教，挤奶时几乎与奶牛一样，不需任何保定办法。

e. 耐粗放：尕里巴牛不像奶牛那样要求全价营养、好的管理设备条件，只要有简单的棚舍，每日有少量的干草、废弃菜叶、青贮饲料和少量混合精饲料等就能达到上述奶、肉生产性能。在产区当前奶牛少、饲料条件差的情况下，在海拔较低地方，尕里巴牛是一种比较好的解决奶源不足问题的牛，比养纯种奶牛更为有利。

尕里巴牛可以与公牦牛回交，也可以与改良牛继续杂交，视饲养管理条件及用途而定。

③两品种或三品种轮回杂交：两品种轮回杂交是在两个品种的公母牛之间不断地轮流进行交配，目的是始终保持较高的杂交优势和经济效益，另外，还可以为低外血育种性杂交打下基础。

三品种轮回杂交是在三个品种的公母牛之间不断地轮流进行交配，目的也是始终保持杂交优势和经济效益，但其生产性能高于两品种轮回杂交。这种杂交只能在低暖地区进行。

以上经济性杂交以两品种、三品种轮回杂交较好。

（2）育种性杂交：牦牛育种性杂交的育种方向，有人主张向单一肉或乳用方向育种；有人认为牦牛本身是多用途牛种，产区也需多用途，应向乳、肉、役多用或肉、乳、役多用杂交育种；多数人认为应本着不同生态产区向肉、乳或乳、肉兼用方向杂交育种。

中华人民共和国成立之前在青藏高原边缘产区曾用黑白花奶用种牛与牦牛杂交，中华人民共和国成立之后不仅引用了黑白花牛，还引用了海福特牛、夏洛来牛、安斯格牛、利木赞牛、兼用种牛（含精液）与牦牛杂交，一直在探索牦牛育种性杂交的方法。由于牦牛与前述各牛种的杂交属于属种之间远缘杂交，导致生殖机制隔离，杂种公牛无生育力，或由于杂交代数高，出现适应性能减低、难以在产区生存的现象，故至今没有见到经杂交改良育成的新型牛种的报道。因此，牦牛育种性杂交应本着适当保留适应高寒生态环境优异性状，并改变低生产性能性状的前提下，提出如下 8 个杂交组合方案设想。

①方案 1：

F_1＝1/2 黑白花牛或 1/2 西门塔尔牛＋1/2（牦牛×黄牛）

F_2＝1/2 黑白花牛或 1/2 西门塔尔牛＋1/2F_1

②方案 2：

F_1＝1/2（西门塔尔牛×黑白花牛）或 1/2（西门塔尔牛×黄牛）或 1/2（黑白花牛×黄牛）＋1/2 牦牛

F_2＝1/2F_1＋1/2 牦牛

③方案 3：

F_1＝1/2 黑白花牛＋1/2 牦牛

F_2＝1/2 西门塔尔牛＋1/2F_1

F_3＝1/2 黑白花牛＋1/2F_2

④方案 4：

F_1＝1/2 黑白花牛＋1/2 牦牛

F_2＝1/2 西门塔尔牛＋1/2F_1

F_3＝1/2 黑白花牛＋1/2F_2

F_4＝1/2 西门塔尔牛＋1/2F_3

⑤方案 5：

F_1＝1/2 黑白花牛或 1/2 西门塔尔牛＋1/2（牦牛×黄牛）

F_2＝1/2F_1＋1/2 方案 3 中的 F_3

⑥方案 6：

F_1＝1/2 黑白花牛或 1/2 西门塔尔牛＋1/2（牦牛×黄牛）

F_2＝1/2F_1＋1/2 方案 4 中的 F_4

⑦方案 7：

F_1＝1/2（西门塔尔牛×黑白花牛）或 1/2（西门塔尔牛×黄牛）或 1/2（黑白花牛×黄牛）＋1/2 牦牛

F_2＝1/2F_1＋1/2 方案 3 中的 F_3

⑧方案 8：

F_1＝1/2（西门塔尔牛×黑白花牛）或 1/2（西门塔尔牛×黄牛）或 1/2（黑白花牛×黄牛）＋1/2 牦牛

F_2＝1/2F_1＋1/2 方案 4 中的 F_4

第二节　牦牛的繁殖

一、公牦牛的繁殖特性

（一）性发育

公牦牛的性成熟、初配年龄依饲牧条件及所处的生态环境等的不同而有较大的差异。公牦牛一般 10～12 月龄时，具有明显的性反射，但多数不能发生性行为。性成熟 2～3 岁；初配年龄 2.5～3.5 岁；体成熟 3.5～4.5 岁；配种旺盛期 4.5～7.5 岁；可利用年限 10 年。

在牧区，以自然交配为主，公牦牛配种年龄一般为 4～8 岁，配种年限为 4～5 年，9 岁以后体质及竞争力减弱，很少能在大群中交配，应及时淘汰。

（二）精液生产

1. 采精前的调教　包括调教时期与调教方法。

（1）调教时期：应在天寒草枯、公牦牛乏弱时期，以饲草料为诱饵，拴系管理，逐步调教成年公牦牛。对幼公牦牛，则从牦牛人工哺乳或舍饲阶段开始调教，效果更为理想。

（2）调教方法：选用有经验、熟悉牦牛习性的牧工为专门的调教员。调教员要体健、胆大、责任心强。调教时，用饲养诱食的方法来逐步接近公牦牛，将绳索套于公牦牛颈部系住，然后逐步靠近牛体，进行抚摸、刷拭。调教员在饲养管理工作中要穿固定的工作服。为消除采精及使用假阴道时公牦牛的恐惧，调教员在饲养管理中应常手持形似假牛阴道的器具，使公牛熟悉采精器械。在人、畜建立一定的感情后，在刷拭牛体的同时，逐步抚摸其睾丸、牵拉阴茎及包皮；并在远处（牛视线内）置饲草，牵引公牦牛采食。此过程应持续一定的时间。

对未自然交配过的公牦牛，在调教中要使其逐步接近、习惯采精架，将发情母牛固定在架内，让其进行交配。在爬跨交配的同时，调教员可同时抚摸牛的尻部、臀部及牵拉阴茎、包皮等。在自然交配两次后，即进行假阴道采精训练。采精工作最好由调教员担任。

2. 采精 公牦牛是否像母牦牛一样具有繁殖季节性，取决于气候条件和饲养管理水平。在气候条件恶劣、放牧或半放牧条件下，公牦牛膘情较差，其繁殖就有季节性，精液生产一般在 5—11 月。反之，在舍饲条件下，公牦牛膘情较好，全年均可生产精液。

采精采用假阴道法，按黄牛种公牛采精常规方法进行。假阴道的内压要比普通牛种公牛的稍大，假阴道内壁温度一般为 39～42℃（四川甘孜藏族自治州）或 42～45℃（甘肃天祝县）。台牛要用发情母牦牛。采精时，牵公牦牛缓慢接近采精架，引起其性兴奋。采精员持假阴道在架右侧等候，待公牦牛爬跨台牛后，采精员靠近台牛，用左手扶公牦牛的阴茎，将阴茎插入假阴道，公牦牛数秒即可射精。

采精场内要安静，防止喊叫和非采精人员观看。通往采精架的通道绝不能有任何障碍或其他不熟悉的堆置物。公牦牛注意力集中于交配时无攻击人的行为。只要采精员沉着、敏捷地操作，假阴道温度、压力、润滑度保持正常，即可顺利采得精液。

（三）提高公牦牛交配能力的措施

在自然交配条件下，公母适宜比例为 1：（15～20）。平均 1 头种用公牦牛配种负担量为 20 头，超过这一比例则影响受胎率。

同普通牛相比，公牦牛的交配力较弱。主要原因是公牦牛求偶行为强烈，性兴奋持续时间长，在母牦牛发情和配种季节每天追逐发情母牦牛，或为争夺配偶和其他公牦牛角斗，体力消耗很大。此外，采食时间减少，仅依靠放牧难以获得足够的营养物质，使交配力下降。

为了提高种公牦牛的交配力，在配种季节应对公牦牛实施控制措施。如将公牦牛从大群中隔出。在距母牦牛群较远处放牧或在围栏中放牧，根据发情母牦牛的数量有计划地安排公牦牛投群配种，保证在配种季节有足够的公牦牛参配；有条件的地区对交配力强的公牦牛，每天补饲一定量的牧草或精饲料；对投群交配时间长、体质乏弱或交配力下降的公牦牛，可从母牦牛群中隔出，系留放牧或补料，让其休息 1～2 周，视恢复情况再投群配种；老龄公牦牛体大笨重，交配力很差，应及时去势或淘汰，否则会造成更多母牦牛空怀。

二、母牦牛的繁殖特性

（一）性发育

母牦牛的初情期及初产年龄，各地或同一群体的个体之间有一定的差异。这在很大程度上取决于牦牛所处的生态及培育条件。一般来说，在产犊季出生早，暖季哺乳及采食期长，体重大者比同龄牦牛初情期早。因牦牛的初情期一般在 1.5～2.5 岁，即在出生后第二或第三个暖季初次发情，以 3 岁发情配种、4 岁产第一胎的母牦牛为最多。据相关资料，四川省若尔盖县母牦牛初产年龄在 3 岁的占 25.4％，4 岁的占 55.6％。在牛群中，繁殖母牦牛的比例达到 45％～50％最好。一般，初情期 1.5～2.5 岁，性成熟 2～3 岁，初配年龄 2.5～3.5 岁，体成熟 3～4 岁，繁殖年龄 2.5～15 岁，利用年限 10 年左右。牦牛与奶牛、黄牛初情期、性成熟及繁殖年龄的比较见表 6-1。

表 6-1　各种动物的生理发育期（月龄）

动物种类	初情期	性成熟期	适配月龄	体成熟期	繁殖年限
牦牛	18～30	24～36	30～42	36～48	8～10 年
黄牛	8～12	10～14	18～24	24～36	13～15 年
奶牛	6～12	12～14	14～18	18～30	13～15 年

（二）发情、发情周期、发情持续期

1. 发情　发情指母牦牛达到初情期之后、繁殖机能停止期之前，在没有妊娠及繁殖障碍的情况下，由卵巢上的卵泡发育所引起的、受下丘脑-垂体-卵巢轴系调控的一种生理现象。母牦牛发情多在早晚凉爽的时候，早上 6：00～9：00 发情的占 46.7％，晚上 19：00～22：00 发情的占 26.7％。雨后、阴天出现发情的较多。

2. 发情周期　发情周期又称性周期，指母牦牛出现发情征兆，然后消失，如未交配或交配未孕，经过一定时间又发情或重复发情的周期。母牦牛发情周期一般为 21d。青海大通种牛场母牦牛（观测 53 头）发情周期平均为 22.8d，甘肃山丹马场母牦牛（观测 308头）发情周期平均为 20.1d，四川省红原县（观测 1 184 头）母牦牛发情周期为 20.5d。发情周期可分为以下 4 个阶段。

（1）发情前期：母牦牛在发情初期，神态不安，放牧中采食减少，外阴轻微肿胀，阴道呈粉红色，阴门流出少量透明如水的黏液。喜爬跨别的母牦牛，喜与育成公牛追逐，但拒绝公牛爬跨。

（2）发情期：一般在发情后 10～15h，外阴明显肿胀、湿润，阴门流出蛋白样黏液。举尾频尿或弓腰举尾。放牧母牦牛很少采食，主动寻找成年公牛，或被成年公牛追逐不离。公牦牛爬跨时，母牦牛举尾、安静站立，欲接受交配。交配后母牦牛后躯被毛上有粪土、蹄印等明显痕迹。

（3）发情后期：上述特征逐渐消失，神态、采食趋于正常，外阴肿胀消退，黏液变稠呈现出草黄色。发情结束后，部分母牦牛阴道排出少量血液。据相关资料，发情期有流血现象的母牦牛占发情牛的 47.8％（其中以青年母牛占的比例较大），占受胎牛的 49.3％，受胎率为 47.6％，与同期受配母牦牛的受胎率相同。一般发情母牦牛阴道排血出现在发情后 1～4d，此时不宜再交配或人工输精，因血液会使精子产生凝集而影响运行。

（4）间情期：又称为休情。此时，母牦牛的性欲消失，精神和食欲恢复正常。卵巢上的黄体逐渐生长、发育至最大，孕激素分泌逐渐增加乃至最高水平；子宫内膜增厚，黏膜上皮呈高柱状，子宫腺体高度发育，分泌活动旺盛。

3. 发情持续期　母牦牛发情持续期为 16～56h，平均为 32.2h，比普通牛稍长。幼龄母牦牛发情持续期偏短，平均为 23h，成年母牦牛偏长，平均为 36h。气温高而无雨的天气（7 月，平均气温 14.2℃）发情持续期延长，发情时遇雨天、阴天则变短。母牦牛在发情终止后（不再跟随或接近公牦牛）5～16h 排卵。在人工授精时，必须注意观察，防止错过授精时机而导致母牦牛不孕。为提高受胎率，应在母牦牛发情开始后 12h 输精 1 次，隔 12h 再输精 1 次。记住这几句顺口溜，就可以很好地根据牦牛发情的特点来配种了："牛发情，有特点；持续期，时间短；情终后，才排卵；配一次，不保险；配两次，隔半天"。

（三）发情季节及发情率

母牦牛的发情季节是产区一年中牧草、气候最好的时期，多在 7—11 月，7—9 月为发情旺季。青海省大通种牛场 7—9 月的气温为 6.9～13.9℃，雨量充足，牧草丰盛，牦牛的营养状况处于全年最好，68.7% 的适龄繁殖母牦牛发情。当年未产犊的干奶母牦牛，多集中在 7—8 月发情，最早的在 6 月 25 日开始发情；当年产犊带犊挤奶的母牦牛，多集中在 9—11 月份发情，最早的在 9 月 5 日开始发情。

据报道，母牦牛的发情季节随海拔的升高而推迟。在海拔 1 400m 处母牦牛开始发情的时间为 5 月 29 日，在 2 100～2 400m 处为 6 月 10—15 日，在 3 000～3 800m 处为 6 月 25 日。西藏自治区色尼区那曲镇海拔为 4 570m，7 月初才有个别母牦牛发情。

在发情季节内适龄繁殖母牦牛的发情率为 50%～60%，依母牦牛体况、带犊与否、哺乳和挤乳的不同而不同。在青海大通种牛场，母牦牛的发情率为 55.8%，其中干奶母牦牛为 84.3%，当年产犊并挤乳的母牦牛仅为 36.5%。

（四）受配率、受胎率、产犊率

在舍饲条件下，牦牛的受配率最高可达 66.8%，平均为 47.6%；牦牛的受胎率在 61.5%～94.2%。正常情况下，牦牛的繁殖率为 40%～60%。青海的牦牛，产犊率平均为 54.3%，犊牛成活率平均为 80.1%，繁殖成活率平均为 43.5%，自然孪生率为 0.35%。

（五）妊娠与分娩

牦牛的妊娠期为 250～280d（怀公胎儿为 260d，怀母胎儿为 250d，怀犏牛胎儿为 270～280d）。

据报道，解剖观察 38 头母牦牛（其中妊娠 1～4 个月的有 17 头）的生殖器官，发现孕牛左侧子宫角的（11 头，占 64.7%）多于孕牛右侧子宫角的（6 头，占 35.3%）。孕角侧卵巢比空角侧卵巢明显增大，且表面有黄体而稍凸，孕角侧输卵管也明显变粗。

母牦牛的母性行为很强，妊娠后期比较安静，一般逃避角斗，行动缓慢，放牧多落于群后。临近分娩时，喜离群在较远而僻静的地方产犊。犊牛出生后，母牦牛舔净犊牛体表的黏液，经过 10～15min 犊牛就会站立（一般站不稳），并寻找哺乳。母牦牛发出一种依恋、温和的叫声，一直等哺乳完毕，犊牛安静后，母牦牛才自己采食。刚产过犊的母牦牛，喜带犊牛离群游走，卧息于远处，一般不主动归群，放牧员如不及时发现赶回，夜间牦牛容易遭狼等野兽袭击。大多数母牦牛在白天放牧过程中在草地上分娩，夜间分娩的较少。一般自行扯断脐带。母牦牛难产的情况很少。

母牦牛在哺乳期间，具有很强的保护、照料犊牛的行为。同普通牛种母牛相比，母牦牛对犊牛的保护、占有行为强烈，特别是哺乳初期，如犊牛受生人或其他家畜的干扰时，母牦牛会挺身而出，保持防御反射或攻击人、畜。

妊娠母牦牛的产犊率较高。据西藏自治区农科院畜牧兽医研究所的统计，妊娠母牦牛971头，产犊率为94.6%。四川向东牧场统计的牦牛产犊率为94.1%，青海大通种牛场统计的牦牛产犊率为85.9%。

尽管妊娠母牦牛流产、死胎等终止妊娠的比例仅有5%～10%，很少有难产，生殖系统疾病也较少，但也不能忽视保胎工作。引起胎儿死亡、流产的原因较多，有体质和抵抗力（膘情、健康状况）弱的原因，也有机械性（拥挤、滑倒摔伤及殴打等）损伤和细菌真菌性（布氏杆菌病、喂发霉饲料）侵染等原因。众多的因素中，内因是母牦牛的体质和抵抗力差，其他属外因，外因只有通过内因才能起作用。因此，保胎或提高产犊率的关键是做好妊娠母牦牛的饲养管理，以增强其抵抗力。

三、牦牛的人工授精技术

繁殖调控技术是牦牛生产中应用较早的一种生物技术。20世纪70年代中期开展牛人工授精技术的研究，随后利用黑白花牛、西门塔尔牛等牛冷冻精液开展牦牛人工授精杂交改良试验研究。1983年，中国农业科学院兰州畜牧研究所与青海省大通种牛场联合开展半野血牦牛冻精及人工授精试验获得成功。在牦牛杂交改良、犏牛生产中，人工授精技术发挥了重要作用。在新品种大通牦牛的成功培育中，精液保存和人工授精技术起到了革命性作用。牦牛人工授精目前主要的问题是需要进一步加强冷冻精液保存与利用技术的研究。在生产效率越来越受到重视的今天，牦牛人工授精技术对现代牦牛产业的高效可持续发展具有重要意义。在牦牛新品种（品系）培育中，繁殖调控技术的不断发展给牦牛人工授精带来新的启示和进展。随着技术的不断改进和提高，牦牛人工授精技术将在我国牦牛产业可持续健康发展中发挥重要作用。

（一）参配母牦牛的组群和管理

参配母牦牛的组群时间，依据当地的生态条件而定，一般应在母牦牛、犏牛发情季节前1个月完成，并从母牛群中隔离公牦牛和公黄牛。

参配母牦牛、犏牛应选择体格大、健康结实的经产牛，最好是当年未产犊的干奶牛。参配母牦牛的数量应根据配种计划确定，一定要考虑到人工授精点的人力、物力条件。配种季节配1头母牦牛，平均需2～3支细管冻精。

配种点应设在交通、水源方便，参配牛群较集中，放牧条件较好的地区。配种操作室或帐篷应与食宿帐篷分开。

参配牛群最好集中放牧，及早抓膘，促使牦牛早发情，以便配种和提高受胎率，也便于管理。应选择有经验、认真负责的放牧员放牧参配牛群，要求他们准确观察和牵拉发情母牦牛。产过种间杂种的母牦牛群，相对固定为参配牛群，除每年整群进行必要的淘汰、补充外，一般不要有大的变动，因这些牦牛一般受胎率较高，对人工授精操作具有条件反射，容易开展工作，也能减少牵拉牛、输精等方面的劳力及事故。

一个输精点或一个牛群，最好用一个品种的冻精配种，以便于以后杂种牛的交叉杂交及测定杂交效果，防止近亲交配。

冷冻精液配种的时间不宜拖得过长，一般 60d 左右完成。在此期间，要严格防止公牦牛混入参配牛群中配种（夜牧也要有人跟群放牧）。人工授精结束后，放入公牦牛补配零星发情的母牦牛。这样做可以大大降低人力、物力（液氮、药品等）的消耗，提高经济效益。

（二）冷冻精液的解冻

冻精解冻操作应在室内进行，不允许露天操作。要经常保持室内卫生，操作时严禁吸烟、生火炉等，防止烟、尘污染精液。工作人员要清洗、消毒双手，穿清洁的工作服。

将细管冻精浸入事先准备好的盛有 37～39℃ 热水的烧杯或瓷杯内加温，使其迅速解冻，然后快速进行活力检查，精子活力在 0.3 以上即可用于输精。

（三）输精

1. 发情母牦牛的保定　套捉、牵拉发情母牦牛进入保定架内输精费时费力，有些性野的母牦牛由 4 名人员协同牵赶仍难以使其进入保定架，有的鼻镜系绳或用牛鼻钳时甚至扯断鼻镜而逃。发情母牦牛牵入保定架后，要拴系并保定头部，左右两侧各由一人保定，防止牛后躯摆动。疏忽大意（如保定不当）则很容易出事故。保定稳妥后方可输精。草原上使用的配种保定架，以实用、结实和搬迁方便为好。四柱栏形的保定架比较安全和方便操作。栏柱埋夯于地下约 70cm，栏柱地上部分及两柱间的宽度依当地牦牛体型大小确定。

2. 输精　输精前要准备好各种用品，如消毒液、纱布、水桶、肥皂、毛巾等。输精要适时，每一发情期输精 2 次，以早、晚输精为好。采用直肠把握子宫颈输精法，做到"慢插、适深、轻注、缓出"，防止精液逆流。在给母牦牛输精的过程中，工作人员要密切配合，特别要注意安全，严防人、畜受伤或发生输精器对母牦牛阴道或子宫内损伤等事件。输精结束后，要仔细进行输精受配母牦牛的登记及器械、用具的清洗和消毒工作。

四、牦牛的发情控制技术

利用外源激素、药物或一些畜牧管理措施人工地控制个体或群体发情并排卵的技术，称为发情控制技术，包括诱导发情、同期发情和超数排卵等技术。

（一）诱导发情技术

1. 诱导发情的意义　诱导发情（induction of estrus）是指对因生理或病理原因等不能正常发情或处于乏情状态（无发情周期）的单个母牦牛，利用外源激素（如促性腺激素）和某些生理活性物质（如初乳）以及环境条件的刺激，促使母牦牛的卵巢从相对静止状态转变为机能活跃状态，以恢复母牦牛正常发情和排卵的技术，主要用于乏情母牦牛的发情和配种。其意义为：利用诱导发情可以控制母牦牛发情时间、缩短繁殖周期，增加胎次和产犊数，使其一生繁殖较多后代，从而提高繁殖力。同时，也可以调整产犊季节，使牦牛产奶时间提前或延后，调整牦牛奶市场供应时间，使牦牛按市场需求供应牛肉，提高牦牛养殖经济效益。

2. 诱导发情的机理　牦牛的一切性活动始终是在内分泌和神经系统的共同作用下进行的，因而除使用外源激素处理外，神经刺激也可使母牦牛性机能趋于活跃，特别是性刺激有时具有明显作用。利用外源激素和神经刺激诱导母牛发情，调节母牦牛卵巢的机能，使卵巢从相对静止状态转为活跃，促进卵泡的生长，使母牛发情、排卵，并予以配种。

3. 诱导发情的方法　诱导发情包括孕激素、PMSG、FSH 及 GnRH 处理方法等。

（1）孕激素处理方法：从母牦牛产后 2 周，采用孕激素处理 9～12d 即可诱导母牦牛发情。生理乏情母牦牛的卵巢都是静止状态，无黄体存在。孕激素处理对垂体和下丘脑有一定的刺激作用，从而促进卵巢活动和卵泡发育。如孕激素处理结束时，给予一定的孕马血清促性腺激素（pregnant mare serum gonadotrophin，PMSG）或促卵泡激素，效果会更明显。

（2）PMSG 的处理方法：使用前应确认乏情母牦牛卵巢上无黄体存在，使用一定量的 PMSG（750～1 500IU 或每千克体重 3～3.5IU）可促进卵泡发育和发情。

（3）FSH 处理方法：FSH 在动物体内半衰期为 2～3h，用该激素纯品诱导发情时，剂量为 5～7.5mg，分 6～9 次，连续 2～4d，上、下午各肌内注射 1 次为 1 个疗程。处理 4～6d 后仍未见发情，再处理 1 个疗程。

（4）GnRH 处理方法：目前国产的 GnRH 类似物半衰期长，活性高。有促排卵素 2 号（LRH-A,）和促排卵素 3 号（LRH-A3），是经济有效发情的激素制剂。

此外可利用公牦牛刺激：对与公牦牛隔离的母牦牛群，在发情季节到来之前，将公牦牛放入母牦牛群里，可利用公畜效应，刺激母牦牛，使其提前发情。

4. 影响诱导发情效果的因素　在高寒牧区，公、母牦牛大多混群放牧饲养，生殖机能好的母牦牛基本已与群内的公牦牛交配，未交配的母牦牛多体质较差。因此，牦牛的体况和环境因素是影响诱导发情效果的主要因素。

（二）同期发情技术

1. 同期发情的意义　同期发情（synchronous estrus）又称同步发情，是利用激素或类激素的药物人为地处理一群母牦牛，使其在特定时间内集中统一发情，并排出正常的卵母细胞，以使达到集中配种和共同受胎的目的。同期发情的关键是人为控制卵巢黄体寿命，同时终止黄体期，使牛群中经处理的牛只卵巢同步进入卵泡期，达到同时发情。同期发情是针对群体而言的，主要针对周期性发情的母牦牛，同时也用于乏情状态的母牦牛，经激素处理后在特定时间内同时发情。而诱导发情主要针对长期乏情的个体母牦牛，在时间上并无严格要求或准确性，同期发情可以说是诱导发情技术的提高和发展。同期发情有如下意义。

（1）同期发情有利于推广人工授精：人工授精因牛群分散或交通不便受到限制，如果能在短时间内使牛群集中发情，就可以根据预定的日期定期集中配种，促进冷冻精液更迅速、更广泛地应用。

（2）同期发情便于组织管理和生产：控制母牦牛同期发情，可使母牦牛配种、妊娠、分娩及犊牛的培育相对集中，便于牛群组织管理，从而有效地进行饲养与生产，节约劳动力和饲养成本，从而对降低管理费用具有很大的经济意义。

（3）同期发情可提高牦牛繁殖率：同期发情技术不仅应用于发情周期正常的母牦牛，还可使乏情状态的母牦牛出现性周期活动，缩短母牦牛的繁殖周期，提高牦牛群繁殖率。

2. 同期发情的机理　母牦牛的发情周期，从卵巢的机能和形态变化方面可分为卵泡期和黄体期 2 个阶段。卵泡期是在周期性黄体退化继而血液中孕酮水平显著下降后，卵巢中卵泡迅速生长发育，最后成熟并导致排卵的时期，是牦牛发情周期中的第 18～21 天。卵泡期之后，随即进入黄体期，是发情周期中的第 1～17 天。黄体期是从卵泡破裂后开始，黄体逐渐发育，待生长至最大体积后又逐渐萎缩、消失，新的卵泡开始发育时为止。黄体期内，在黄体分泌的孕激素作用下，卵泡发育成熟受到抑制，母牛不表现发情，在未受精的情况下，黄体维持 15～17d 即行退化，进入另一个卵泡期，相对高的孕激素水平可以抑制卵泡发育和发情，黄体的结束是卵泡期到来的前提条件，因此，同期发情的关键就是控制黄体寿命，并同时终止黄体期。

3. 同期发情的方法　用于母牦牛同期发情的药物种类很多，处理方案也有多种，但较适用的是孕激素阴道栓塞法、前列腺素及其类似物处理法以及孕激素和前列腺素结合法等。

（1）孕激素阴道栓塞法：栓塞物可用泡沫塑料块或硅胶橡胶环，包含一定量的孕激素制剂。将栓塞药物放在子宫颈外口处，其中激素即渗出。处理结束时，将其取出即可，或同时注射孕马血清促性腺激素。孕激素的处理有短期（9～12d）和长期（16～18d）2 种。长期处理后，发情同期率较高，但受胎率较低；短期处理后，发情同期率较低，而受胎率接近或相当于正常水平。孕激素处理结束后，在第 2～4 天内大多数母牛的卵巢上有卵泡发育并排卵。

（2）前列腺素及其类似物处理法：前列腺素的投药方法有子宫注入（用输精器）和肌内注射 2 种。子宫注入用药量少，效果明显，但注入时较为困难；肌内注射操作容易，但用药量需适当增加。前列腺素处理是溶解卵巢上的黄体，中断周期黄体发育，使母牦牛同期发情。前列腺素处理法仅对卵巢上有功能性黄体的母牦牛起作用，只有当母牦牛在发情周期第 5～18 天（功能黄体期）才能产生发情反应。对于周期第 5 天以前的黄体，前列腺素并无溶解作用。因此，前列腺素处理后，总有少数母牛无反应，需做二次处理。有时为使一群母牦牛有最大限度的同期发情率，第 1 次处理后，表现发情的母牦牛不予配种，经 10～12d 后，再对全群牛进行第 2 次处理，这时所有的母牦牛均处于发情周期第 5～18 天。第 2 次处理后，母牦牛同期发情率显著提高。用前列腺素处理后，从投药到黄体消退需要 1d 时间，一般在第 3～5 天母牛出现发情，比孕激素处理迟 1d。

（3）孕激素和前列腺素结合法：将孕激素短期处理与前列激素处理结合起来，效果优于二者单独处理。即先孕激素处理 5～7d 或 9～10d，结束前 1～2d 注射前列腺素。

4. 影响同期发情效果的因素

（1）母牛生殖状况：被处理母牦牛的质量，是影响同期发情效果的关键，包括年龄、体质、膘情、生殖系统健康状况等。好的同期发情处理方法多在被处理牦牛身体素质良好和生殖机能正常、无生殖道疾病、获得良好的饲养管理、公母牦牛分群饲养时才能获得较好的结果。

（2）合理的处理条件：同期发情处理所用药品必须保证质量。由于牦牛的生存环境和枯草期相对较长，必须在繁殖季节开展牦牛同期发情，处理方案与奶牛、肉牛处理方法不同。同时，精液质量也是获得高受胎率的关键。

（3）输精人员的技术水平：同期发情后短时间内给多头母牦牛输精，需要一定的技术和体力。因此，需培养一定数量体质好、健壮有力的技术人员，以确保能在短时间内准确、有效地给发情母牦牛输精。

（4）补饲：补饲能够明显维持和提高牦牛围产期前后的营养状况，隔离哺乳及补饲有效促进产后牦牛发情周期的恢复，促进牦牛在繁殖季节出现自然发情症状，从而使产后牦牛获得较高的自然发情率和妊娠率。对产后牦牛在隔离哺乳及围产期补饲的基础上进行同期发情处理，能够显著提高产后牦牛的同期发情效果及整个繁殖季节的发情及妊娠效果。

（5）配种后母牦牛的饲养管理：在同期发情输精后一段时间内，放牧时不能急促驱赶母牦牛，以免受精卵不能着床和早期流产，影响受胎率。同时，应注意提供适当的饲料，使母牦牛和胎儿有足够的营养，以保证母牦牛健康及胎儿发育，坚决杜绝饲喂霉变饲料。

五、提高母牦牛繁殖力的主要措施

在高山草原生态环境条件下，适龄繁殖母牦牛并不会全部发情，发情配种之后也不能全部受孕，即使受孕，母牦牛也不一定全产，所产犊牛也难以全活，因此，牦牛的繁殖成活率较低。影响牦牛繁殖成活率的主要指标有发情率、受胎率、产犊率和牦牛成活率四项。在这四项指标中，影响最大的是母牦牛的发情率。因为发情率是基础指标，它在提高繁殖成活率中起到主导作用。牦牛的发情率较低。母牦牛和犏牛中，发情率最低的是当年产犊哺乳兼挤乳的母牦牛。这类牛是提高发情率的重点牛群，如果将其发情率提高到干奶母牦牛的水平，则整个牛群的繁殖成活率就会提高一倍左右。因此，应选择繁殖力高的母牛作种畜，开展科学的饲养管理；保证优良的精液品质，做好发情鉴定和适时配种；推广高效繁殖技术；减少胚胎死亡和防止流产；做好繁殖组织和管理工作。

加强放牧管理及冷季补饲，使母牦牛维持适当的膘情，是保证母牦牛正常发情的前提。此外，在进入冷季后，对老弱、生殖系统有病和两年以上未繁殖（包括连续流产）的母牦牛应清理淘汰，以节约补饲草料。对已妊娠带犊的母牦牛，要打破传统的不断奶的饲养习惯，使妊娠母牦牛在分娩前干奶（或断奶）。当年产犊的母牦牛中，对膘情差、牦牛发育弱、奶量少的不挤乳，抓膘复壮，使其能尽早发情；对4月前产犊的母牦牛，一般不立即挤乳，待其采食青草后再挤乳。暖季采取"不拴系，早挤乳，早出牧，夜撒牛（放牧）"的措施，促其早复壮而发情配种。在有条件的地区，还可从当地兽医站采购药物催情或采取同期发情处理。具体要做好以下工作。

（一）加强繁殖技术人员管理与培训

从母牛产犊开始就密切关注母牛子宫净化及其恢复情况；提高发情牛鉴定准确率及检出率；配种后要对妊娠牛全程做好防流保胎工作；对相关技术岗位人员的考核要与繁殖相关控制点结合进行。

（二）加强牦牛饲养管理

饲养管理水平影响牦牛的繁殖效果。在牦牛管理与放牧中，确保营养全面，保证牦牛维持生长和繁殖的营养需要。对饲料中含有毒有害物质的，避免使用，例如棉籽饼中含有棉酚和菜籽饼中含有硫代葡萄糖苷，会影响公牦牛精液品质，还可影响母牛受胎、胚胎发育和胎儿的成活等。同时，加强牦牛饲养环境控制。除棚圈选址和牛舍建筑应充分考虑环境控制外，在冬季更要注意防寒保暖。

（三）加强牦牛繁殖管理

提高优良牦牛的配种机能。将公牦牛和母牦牛分群饲养，采用正确的调教方法和手段，增强种公牛的性欲，提高种公牛的交配能力。在生产中对种公牛的选择和饲养，都要制订严格的管理制度。提高精液品质。在发情母牦牛输精前，都要对精液品质做检查，在保证精液质量的同时，注重提高母牦牛的受配率。

（四）加强繁殖障碍的防治

饲喂合理营养水平的母牛，其繁殖障碍大多是由于母牛的繁殖疾病所引起的，兽医和配种员应加强合作，共同对卵巢静止、持久黄体、卵巢囊肿、子宫内膜炎、子宫积水、子宫积脓、胎衣不下等疾病进行监控与防治，对患有传染病的母牛坚决淘汰并正确处置以控制牦牛繁殖疾病。

1. 控制公牦牛繁殖疾病　控制公牦牛繁殖疾病的主要目的，是通过预防和治疗公牦牛繁殖疾病，提高种公牦牛的交配能力和精液品质，最终提高母牦牛的配种受胎率和繁殖率。

2. 控制母牦牛繁殖疾病　母牛繁殖疾病主要有卵巢疾病、生殖道疾病、产科疾病三大类。卵巢疾病主要通过影响发情排卵而影响受配率和配种受胎率，某些疾病也可以引起胚胎死亡或并发产科疾病。生殖道疾病主要影响胚胎的发育与成活，其中一些还可引起卵巢疾病。产科疾病轻则诱发生殖道疾病和卵巢疾病，重则引起母牛和犊牛死亡。

（五）注意配种时机

母牛一般在发情结束后排卵，卵子的寿命为 6～10h，所以母牛在发情期内最好的配种时间应在排卵前的 6～7h。在实际生产中当母牛发情有下列情况时即可输精：①母牛由神态不安转向安定，即发情表现开始减弱；②外阴部肿胀开始消失，子宫颈稍有收缩，黏膜由潮红变为粉红或带有紫青色；③黏液量由多到少且呈混浊状；④卵泡体积不再增大，皮变薄有弹力，泡液波动明显，一触即破之感。

（六）应用现代生物繁殖技术

由于牦牛业的不断发展，一直沿用传统的繁殖方法将不能适应新时代的要求，因而必须对牦牛的繁殖理论和科学的繁殖方法进行不断的深入探讨与创新，用人工方法改变或调整其自然方式，达到对牦牛整个繁殖过程进行全面有效控制的目的。目前，国内外从母牛的性成熟、发情、配种、妊娠、分娩，直到犊牛的断奶和培育等各个繁殖环节陆续出现了一系列的控制技术。如人工授精——配种控制、同期发情——发情控制、胚胎移植——妊娠控制、诱发分娩——分娩控制、精子分离——性别控制，以及精液冷冻——冻精控制、性控精液、活体采卵等。

◆ **思 考 题**

1. 简述中国牦牛遗传多样性的意义。
2. 简述牦牛杂交改良方法。
3. 简述牦牛安全越冬的措施。
4. 简述牦牛的发情控制技术。
5. 提高牦牛繁殖力的主要措施有哪些？

对牦牛进行合理的饲养管理，有助于牦牛健康快速生长，提高饲养效率，降低饲养成本，增加牦牛养殖效益。

第一节 牦牛的放牧

总体而言，我国牦牛的饲养管理比较粗放，没有脱离"靠天养畜"的范畴，几乎所有牦牛仅依靠天然牧草获取维持生长、繁殖等所需的营养物质，即使在冬春冷季，牧草枯萎，饲草缺乏的情况下，一般也仅给少数体弱、难以越冬的幼龄牦牛和母牦牛补给少量的干草或青贮牧草，对其他牦牛都不进行补饲。对牦牛群的管理，则随气候季节而有不同的变化。

一、放牧场的季节划分

（一）放牧场的季节划分

高寒草地的气候无明显的四季之分，只有冷暖季节之别，因而一般都根据气候条件，将使用范围内的草地划分为夏秋、冬春两季，即暖季和冷季草场（或称放牧地），冷季草场在当地多称为"冬房"。

1. 冷季牧场 选择距定居点或棚圈较近，避风或南向的草地，牧草生长好的山谷、丘陵南坡或平坦地段。

2. 暖季牧场 选择地势较高，通风凉爽，蚊虻较少，牧草和水源充足的地方。

（二）放牧草场的时间利用

冷、暖季草场的利用时间，主要依据气候和牧草生长季节而定，一般是各用半年。每年夏初（5月），整群分群后开始出牧，由冷季草场转入暖季草场；每年冬前（11月），清点圈存数后，转入冷季草场。

二、牦牛的组群形式

为了方便放牧管理和合理利用牧场，避免混群放牧，使牛群保持相对稳定，采食及营养状况相对均匀，减少放牧难度，通常是按性别、年龄、生理状态进行分群。一般可分为泌乳母牦牛群、干奶母牦牛群、公母群和阉牦牛群。没有专门的公牦牛群，公牦牛一般按1:25的比例随群放牧。

近年来，因规模、种群大小、基础设施等因素的影响，混群放牧较普遍。不过，这种不合理的组群形式，正随着草牧业生产的发展，联户牧场的建立和壮大，草地利用制度的完善和科学养畜水平的提高而有望得到改变。

三、冷季放牧

冷季放牧的任务是减少牛只活重的下降速度（保膘），防止牦牛乏弱，做好妊娠母牛的保胎或安全分娩工作，提高牛犊的成活率，使牦牛安全越冬。冷季要晚出牧、早归牧，充分利用中午气温较高的时机放牧，可以采用"放牧＋暖棚＋补饲"的饲养方式加强冷季的饲养管理。

据有关资料显示，冬春枯草与幼嫩青草相比，粗蛋白质含量下降60%，粗脂肪含量下降50%。据研究表明，牦牛在2.5周岁时冷季采用"放牧＋半舍饲＋补饲"的方式饲养210d，可使牦牛减少掉膘率18.15%。因此，冬春季除放牧外，宜修建保暖性能良好、通风透气、温湿度适宜、条件优越、投资少、成本低的暖棚，以便牦牛保暖越冬，同时补充营养价值高、维生素全面、微量元素丰富的草料，在下午收牧后按科学配方进行补饲，防止牦牛严重掉膘，使其在青草期尽快恢复体况，提高繁殖能力。

1. 种植、收购和加工供冷季补饲的草料　因地制宜地安排一些补饲草料生产地，或从农区收购补饲的草料。

2. 搞好棚圈或塑料暖棚的建设　在枯草期长、冬季高寒的地区，通过棚圈或塑料暖棚的建设，可以解决牦牛"吃住"两大问题。

3. 及早进行合理的补饲　在贮备的补饲草料较丰富的情况下，补饲越早，牛只减重越迟。原则是对体弱的牛只多补饲、冷天多补饲、暴风雪天日夜补饲等。

4. 对特定牦牛及早补饲及护理　在冷季要加强对产奶量高的母牦牛、当年产犊又妊娠的母牦牛及初次越冬的幼牦牛的及早补饲及护理。

四、暖季放牧

在暖季，根据牧草的生长状况及牦牛群的大小每20～40d进行一次转场。搬迁的方向和路线应基本固定，年年如此。在向暖季牧场转移时，牛群日行程以10～15km为限，边放牧边向目的地前进。暖季放牧的主要任务是增加产奶量，搞好母牦牛的发情配种工作，对肉用牦牛进行育肥，增加体重，对其他牦牛做好抓膘工作，为越冬打好基础。

暖季要做到早出牧、晚归牧，延长放牧时间，让牦牛多采食。出牧后，由山脚逐渐向凉爽的高山放牧，由牧草质量差的牧场逐渐向牧草质量良好的牧场放牧。可在前一天放牧过的牧场上让牛只再采食一遍，以增加牧草的利用率。

暖季按放牧安排或轮牧计划，及时更换牧场或搬圈。产奶带犊的母牦牛群，10d左右应搬圈1次。暖季应在放牧地或圈地周围给牦牛补饲尿素食盐舔砖。

在川西北牧区，母牦牛一般是在头年7—9月集中发情配种后，在第二年的暖季来临之前（即3—5月）分娩，犊牦牛一般生下来不久适逢青草萌发的暖季。牦牛从胎儿至2岁以前生长发育呈直线上升，生长速度快且跟营养成正相关。因此，应充分利用暖季天然草地资源及水草丰茂的优势让犊牦牛随母放牧，且在收牧后加补适量精饲料，这样更能保证犊牦牛对营养物质的需要，使其健康生长。对 28 头 3 岁麦洼牦牛 150d 的育肥效果进行测定发现，补饲组 18 头全期头平均总增重 67.73kg，日均增重 451.67g，相对增重率 47%；高水平补饲的一组头平均总增重比不补饲的一组高 34.5kg，日均增重高 230g，两项指标比对照组相对提高近 70%。

五、群众的放牧经验

我国饲养牦牛的历史悠久，牧民们有极其丰富的放牧经验，既科学，又符合实际，行之有效。这些宝贵的经验，可归为一个"膘"字：夏秋暖季抓膘，冬春冷季保膘；膘壮肉多、奶多、力强，膘壮不怕寒风雪灾。四川阿坝藏族羌族自治州牧民放牧牦牛的"三赶"经验，就是根据牧草生长的季节变化进行抓膘、保膘的极好放牧经验。"三赶"经验即赶活鲁草、赶黄花、赶草籽，具体是：春季将牦牛放牧在沼泽、半沼泽草地，让牦牛及早采食到返青牧草，以利恢复膘情。把牦牛群放在有水麦冬（藏语叫活鲁草）的牧草地上放牧，就叫赶活鲁草。采食活鲁草对牦牛有驱虫、壮膘、催情的作用。6 月，将牦牛赶往生长有蒿草、金莲花、驴蹄草等开黄花植物的沼泽化草甸、草地上放牧，称为赶黄花。牦牛采食这些开黄花的牧草后，可提高产奶量。秋季将牦牛放牧于平川，这时多数牧草已结籽，故称赶草籽。牦牛采食结有草籽的牧草后，容易长"活膘"（沉积脂肪），并能保得住，冬春冷季不易掉膘。

在冬春冷季，则将牦牛放牧在避风向阳、枯黄牧草比较多的夏秋暖季草场上，称为赶黄草，这是调剂冬春冷季缺草的办法之一，对妊娠母牦牛保胎、促进胎儿发育有良好的作用。

还有许多放牧谚语，都是牧民们放牧经验的总结，如"春放坝，夏放坡，秋放高处冬放窝""出牧稍快，收牧要慢""冬季冰雪放平地，驱赶牛群要慢行""暴风大雪，牛群快回""高山下雪就搬走，跟着季节走""夏饮二，冬饮一""冬放河谷夏放颠，春秋季放半山坡"。

第二节　不同牦牛的饲养管理

一、犊牦牛的饲养管理

犊牦牛是指从出生到半岁的牦牛，犊牦牛出生后经 5～10min 母牦牛舔干体表胎液后就能站立，吮食母乳并和母牦牛活动。犊牦牛在 2 周龄后即可采食牧草，3 月龄可大量采食牧草，随月龄增长和哺乳量减少，母乳越来越不能满足其需要时，促使牦牛加强采食牧草。同成年牦牛相比犊牦牛每日采食时间较短（占 20.90%），卧息时间长（占 53.1%），其余时间游走、站立。犊牦牛采食时间短及昼夜一半以上时间卧息的特点，在犊牦牛放牧中应给予重视，除分配好的牧场外，应保证所需的休息时间，应减少挤乳量，以满足犊牦牛迅速生长发育对营养物质的需要。

犊牦牛如果在全哺乳或母牦牛日挤乳一次并随母放牧的条件，日增重可达 450～500g，断奶时体重可达 90～130kg。这是牦牛一生中生长速度最快的阶段，利用幼龄牦牛进行放牧育肥十分经济，所以在牦牛哺乳期，为了缓解人与犊牛争乳矛盾，一般日挤乳 1

次为好，坚决杜绝日挤乳 2～3 次。

牧民们都较重视犊牦牛的养育。母牦牛分娩后 10d 或 1 个月不挤乳，全由犊牦牛吮吸，既能保证犊牦牛的初乳，又能使它较好地适应出生后的环境。母牦牛开始挤乳后，犊牦牛白天随母牦牛放牧、采食，据观察，犊牦牛开始采食的时间很早，一般在 7～10 日龄即采食少量幼嫩牧草，但反刍不明显，12 日龄后则出现明显的反刍。应夜间单独拴系或关在栏圈中，母仔隔离（母牦牛不挤乳的话，犊牦牛要到断奶时才被隔离）。进入冷季，母牦牛停止挤乳，母仔则可昼夜在一起。

犊牦牛的断奶时间一般为 6 月龄左右。断奶方法，主要采取母仔隔离，分群放牧。对少数难以隔离断奶的犊牦牛，用两端削尖的 20cm 左右的细木棒穿透犊牦牛鼻中隔，固定在两鼻孔内，使它不能吮吸母乳。一段时间后，犊牦牛不再吮吸母乳，就可以取出木棒。

母牦牛的乳头小，乳量少，挤乳要用指擦式。挤乳地点设在营地，有拴系、不拴系两种。凡犊牦牛采用拴系隔离的，则母牦牛也采取拴系的方式；犊牦牛用栏圈关栏隔离的，母牦牛则不拴系。方式是：给母牦牛颈部套上带有小木栓的颈绳（自幼犊时开始，让其习惯），营地上相隔一定距离，固定带有绳圈的档绳。把母牦牛拴系在档绳的某一位置（绳圈），一两次后，它即能准确地找到拴系的位置，极少错位。在新营地的档绳上，可重新排位，也可按上一营地档绳位置安排。重新编排的位置，母牦牛在 1～2d 内会记住并辨认。犊牦牛的拴系方式与母牦牛相同。

档绳、绳圈、颈绳，全用牦牛毛搓扭而成。个别牛群的档绳，也有用牦牛皮制成的。

犊牦牛一般均为自然哺乳，应根据犊牦牛的品种、生长发育情况、牧场的产草量或合作社及牧户的饲养水平等来确定。精饲料条件好的，哺乳期定位 4～6 个月；精饲料条件差的，可定位 5～7 个月。

犊牦牛都随母吮乳，只有当母牦牛死亡，未找到保姆牛情况下，才采用人工哺乳的方式养育牦牛。

人工哺乳的方法很简单：用截去角尖的牦牛角，套上用牦牛皮缝制成拇指大小的乳嘴，即成简易的牦牛哺乳器。哺犊时，将牛乳灌入牛角哺乳器内，一般不加温，由犊牦牛吮吸皮乳嘴。对采用人工哺乳的犊牦牛，必须满足它吮吸行为的需要，如适当延长哺乳时间、补给幼嫩牧草、提早放牧采食等。同时，还应防止犊牦牛相互吸吮，避免食入毛绒，引起毛团堵塞真胃幽门而死亡。

多数情况下，牧民们利用母牦牛母性强和通过舔舐建立母子感情的行为特点，将失去母亲的犊牦牛，同失去牦牛的母牦牛两相结合，让母牦牛收养别的犊牦牛。方法是把刚死去幼犊的母牦牛的乳汁，涂抹在失去母亲的幼犊身上，或将死去的幼犊皮剥下，披在需找保姆牛的幼犊身上，或在需找保姆牛的幼犊身上涂抹食盐，诱使母牦牛舔舐犊牦牛。这样，便可顺利地使母牦牛收养犊牦牛，像哺喂其亲生犊牦牛一样哺喂。

二、母牦牛的饲养管理

母牦牛的营养和管理会影响其繁殖能力，用传统方法饲养母牦牛，经常会因为管理不周或技术不到位等因素，使母牦牛流产、空怀，导致产犊率降低，进而降低繁殖生产力，影响经济效益。因此，必须采取科学的饲养管理方式。例如对繁殖母牦牛分群以简化牛群管理、节省劳动力等。根据母牦牛不同时期所需营养实施具体操作，这样才能提高母牦牛的繁殖能力，增加经济效益。

母牦牛的饲养管理关键是妊娠期和分娩期管护。母牦牛妊娠初期，由于胎儿生长发育的营养需求较小，此时又恰适牧草旺季，一般不需额外补充饲草料。妊娠最后的 2～3 个月是高原牧区牧草极度匮乏时期，那时胎儿日趋成熟，营养需求大，应保证饲草料的供给和质量，加强饲养管理，否则将会影响胎儿正常发育，进而影响犊牦牛日后的生长。而且，营养过度缺乏还会影响到母牦牛的繁殖性能。

（一）妊娠期的饲养管理

牦牛在发情季进入发情状态，是保证其高效繁殖的必要条件。母牦牛产犊期多数在 3—5 月，这是其在青藏高原牧草的季节性生产及气候变化条件下产生的适应机制。春季产犊后的母牦牛在牧草进入生长季节后，可增加营养物质的摄入，有利于其发情周期的恢复。

妊娠母牦牛所需营养除要维持自身需要外，还需供给胎儿生长发育以及为产后泌乳储存营养。所以要饲养好妊娠母牦牛，保证胎儿在母体中的正常发育，这样可有效避免流产和死胎的现象，为后续犊牛的生长发育、母牛再次受孕及延长繁殖年限打下良好的基础。特别是冬季妊娠母牦牛的饲养管理，更应该科学严格地进行。

妊娠的前 5 个月胎儿组织器官正处于分化阶段，生长较缓慢，所需营养物质相对较少，可以按照空怀期母牦牛的标准，主要以粗饲料进行饲养。在妊娠 5 个月以后应加强营养，补饲精饲料。妊娠后期的 3 个月是胎儿快速增重阶段，一般增重达到犊牛初生重的 70%～80%，需要吸收母体大量的营养物质，而且母牦牛在妊娠期也会增重 45～70kg。为保证产犊后的正常泌乳和再生产，该时期应保证妊娠母牦牛的营养，如加喂胡萝卜与精饲料等，以保持中上等的膘情。除保证营养外，妊娠期母牦牛的牛舍也应保持清洁干燥和通风良好，冬季需要做好牛舍的保温、光照等工作；放牧时青草季节延长放牧时间，枯草季节补饲青绿草料；充足的运动可以增强母牦牛体质、促进胎儿生长发育，并可防止难产。

妊娠母牦牛的饲养管理还应注意：防止追打、挤撞、猛放；适当延长放牧时间；寒冷冬季禁止饮冷冰水。同时，注意保胎和防止难产，以使母牦牛顺利生产出健康的胎儿。母牦牛发情配种后一般都能受孕，较少发生流产等终止妊娠的情况。母牦牛孕后发情的病例不多见，因而对牦牛不做妊娠检查。牧民们判断牦牛是否受孕的标准是母牦牛发情配种后下一个发情期不再发情。这样，往往出现一部分在整个发情季节内只发情一次，配种后未受孕，下一个发情期又不再发情的母牦牛空怀的情形。另外，入冬前淘汰屠宰时，还会出现部分发情配种晚但已受孕的母牦牛，因腹围尚未明显增大而被宰杀的情形。

如何判断母牦牛是否受孕呢？通过直肠检查，依据牦牛卵巢、子宫的变化和妊娠的时间来判断其是否受孕是简便易行的，且准确度较高。用直肠触诊法对牦牛进行早期（1～2 个月内）妊娠诊断，其判断依据主要是两侧卵巢的体积、形状和角间沟的变化。用这种方法检查，准确率达 95%以上。其判断标准是：妊娠 0.5～1.5 个月的孕牦牛，两子宫角的子宫绒毛叶阜同时增大，胎儿胎盘伸入两子宫角的体积基本一致。孕角与空角的粗度相当；角间沟因妊娠而逐渐模糊不清，直至消失。牦牛妊娠 2 个月后，孕角才逐渐显著地大于空角，并开始堕入腹腔。

母牦牛临近分娩时，会离群到偏远僻静的地方（如洼沟、明沟、土坑等）产犊，分娩时多取侧卧姿势，也有部分母牦牛以站立姿势分娩。如母牦牛产杂种胎儿，都取侧卧姿势，这同杂种胎儿大、分娩时间等因素有关。据观察，绝大多数母牦牛是在白天放牧过程中在牧地上分娩的，夜间在系留营地分娩的母牦牛数量较少。

牦牛产犊时极少发生难产，牧民也不助产。母牦牛产出胎儿后，犊牦牛脐带随着母畜的站立被扯断。极少发生脐带炎等幼犊疾病。牦牛产杂种犊时，因杂种胎儿大、牦牛产道狭小而需要助产，偶尔会出现难产。牦牛每胎产一犊，极少有孪生，牦牛的孪生率平均为0.5%，但少数母牦牛群的孪生率较高。

产奶母牦牛要挤乳及带犊或哺乳，因此放牧工作要细致。应将这类母牦牛安置到距圈地近的优良牧场，最好跟群放牧。产犊季节要注意观察妊娠母牦牛，并随时准备接产和护理母牦牛及犊牛。

（二）泌乳期的饲养管理

母牦牛应在分娩前两周逐渐增加精饲料喂食。母牦牛分娩后，体内水分、糖分、盐分等物质损失巨大。哺乳期的母牦牛，尤其是刚分娩后的母牦牛，尚处于恢复阶段，身体虚弱，消化机能减弱，并且还要泌乳，因此对饲养管理的要求也要随之增高。泌乳期的饲喂管理对母牦牛的泌乳、产后发情、再次配种受胎非常重要，此时能量、蛋白质、钙、磷等化合物较其他生理阶段都有不同程度的增加。

泌乳期母牦牛乳汁营养缺乏会导致犊牛生长受阻，易患腹泻、肺炎、佝偻病等，会导致母牦牛产后发情异常，降低受胎率。分娩后的1~2d需饲喂易消化的饲料，不要供给凉水，待两周以后母牦牛的恶露排净，乳房生理肿胀消除，消化与食欲恢复正常后，可按标准量饲喂泌乳期母牦牛，并逐渐加喂块茎饲料。泌乳盛期时，需要喂食品质好、适口性强的高能量饲料，以精饲料为主，但不宜过量。分娩3个月后，母牦牛产奶量逐渐下降，应逐渐减少母牦牛精饲料的喂食并加强运动与饮水，避免产奶量的急剧下降和母牦牛的发情及受胎。

三、种公牦牛的饲养管理

配种时，充分利用公牦牛的行为特点，发挥处于优势地位公牛的竞配能力。注意及时淘汰虽居优势地位但性欲减退的公牦牛（它们往往对母牦牛霸而不配）。在牧区多采用群配本交，公、母牦牛的比例为5∶100或6∶100，由公牦牛互相竞争而达到选配的目的。少数地区采用人工辅助配种，即发现发情母牛后，将其系留营地，用牛毛绳或牛皮绳捆绑其两前肢，套于颈上，两人左右牵拉保定（不用配种架），然后驱赶3头以上公牛来竞配。当母牦牛准确地受配两次后（可能是同一头公牦牛连续爬跨配种两次；也可能是两头公牦牛各配一次，称为双重配种），将公牦牛驱散，并将新鲜牛粪涂在受配母牦牛臀部、背部，然后松开绳索（涂抹新鲜牛粪，是防止公牦牛再次爬跨配种）。

种公牦牛的饲养管理关键在配种季节，配种季节公牦牛日夜追随发情母牦牛，体力消耗大而持续时间长，至配种结束，往往体弱膘差。另外，公牦牛在放牧过程中，采食及卧息时间比母牦牛少，游走及站立时间长。这些特性，在放牧过程中应予以重视。为使种公牦牛具有良好的繁殖力，在非配种季节应将其和母牦牛分群放牧，或混牧于阉牦牛、育肥牛组群，在远离母牦牛群的牧场上放牧，以便在配种季节到来时达到种用体况。在配种季节，对性欲旺盛、交配力强的优良种公牦牛，应设法隔日或每天给予补饲，喂给一些含蛋白质丰富的精饲料和青干草或青草，缺少精饲料的可喂给奶渣（干酪）等。牦牛的人工授精，主要用于种间杂交。20 世纪 70 年代中期，四川、青海、新疆等省（自治区），先后推行牦牛应用普通牛冷冻精液人工授精技术，试验总结出了适应高寒草地气候、牦牛群野外输精等具体条件的操作方法。

四、育成牛的饲养管理

随着年龄的增长和正常的生长发育，犊牦牛生殖系统的结构与功能也日趋成熟，但其骨骼、肌肉和内脏器官却并未发育到最佳状态，还未具有成年时的形态结构，又因是随群自然放牧，因此公牛需进行适时阉割。阉割一般确定在 1～3 周岁，才不会影响到幼牦牛的正常生长，也不会造成育成牛间相互械斗致伤，也给饲养管理带来极大方便。而且阉割后牛肌纤维由粗糙变细嫩，膻味会变淡甚至没有，食用价值得到提升。对公牦牛进行初选、再选，凡不入选留作种用的，都进行阉割。

在育成牛中选出生产后备牛，其他的作为育肥牛。一般来说，母牛的肉质好，肌纤维细，结缔组织少，易育肥，肉质鲜美。据研究资料表明，母牛的饲料转化率和日增重均比公牛低，公牛的生长速度和饲料利用率又明显高于阉牛，所以作为育肥的肉用牛应选择公牛最为适宜。

最好选择杂种牛来育肥，特别是冷冻精液和三元杂交、级进杂交后代，因为这些杂交后代优势明显，生长发育快，体格健壮硕大，最适宜育肥出栏。

确保牦牛适时出栏，以保证和提高牦牛养殖效率及经济效益。牦牛出栏的年龄适时，其饲料转化率高，成本也低。牦牛的适宜屠宰年龄为 3.5 周岁，最迟不宜超过 4.5 岁。

五、牦牛的日常管理

（一）疫病防治

对牦牛实行计划免疫，有针对性地使用疫苗及消毒剂，对牦牛口蹄疫、炭疽、布鲁氏菌病、牛出血性败血症等进行春、秋两季预防接种。了解牦牛整个生长发育阶段的疫病发生情况，犊牦牛在 7 日龄时进行副伤寒免疫，每年 4 月 25 日和 10 月 25 日左右对养育牛只进行炭疽、口蹄疫、牛出血性败血症等传染性疫病的两次免疫注射和定期驱虫，发现病畜及时治疗。应避免使用残留性的药物，在屠宰前的 21d 应停止免疫、治疗，以保证牦牛肉质的无公害。

（二）剪毛

多数地区都在每年初夏 5—6 月对牦牛进行一次剪毛。方法是以剪为主，此外还有割、拔两种。

1. 剪毛 当天要剪毛的牦牛（群），既不出牧也不补饲。将需要剪毛的牦牛（群）栏于圈内，捆绑牦牛的四肢进行保定，用一般的毛剪，依次将鬐甲、肩胛、前胸、体侧、腹部、臀部、四肢等部位的长毛剪下。绒混杂于毛中一起剪取。尾毛只剪少量，单独存放。

因气候、牛只膘情等因素的影响剪毛可稍提前或推迟。牦牛群的剪毛顺序是先剪驮牛（包括阉牛）、成年公牦牛和育成牛群，后剪干奶牦牛及带犊母牦牛群。患皮肤病（如疥癣等）的牛（或群）留在最后剪毛。临产母牦牛及有病的牛应在产后两周或恢复健康后再剪毛。

牦牛剪毛是季节性的集中劳动，要及时安排人力和准备用具。根据劳力的状况，可组织捉牛、剪毛（包括抓绒）、牛毛整理装运的作业小组，分工负责和相互协作，有条不紊地连续作业。所剪的毛（包括抓的绒）应按色泽、种类或类型（如绒、粗毛、尾毛）分别整理和打包装运。

剪毛时要轻捉轻放倒，防止剧烈追捕、拥挤和放倒时致伤牛只。牛只放倒保定后，要迅速剪毛。1头牛的剪毛时间最好不要超过30min，为此可两人同时剪。兽医师可利用剪毛的时机，对牛只进行检查、防疫注射等，并对发现的病牛、剪伤及时治疗。

牦牛尾毛两年剪1次，并要留1股用以摔打蚊、虻。驮牛为防止鞍伤，不宜剪鬐甲或背部的被毛。母牦牛乳房周围的留茬要高或留少量不剪，以防乳房受风寒龟裂和蚊蝇骚扰。乏弱牦牛仅剪体躯的长毛（裙毛）及尾毛，其余留作御寒，以防止天气突变而冻死。

2. 割毛　同剪毛一样，保定牦牛，用随身佩戴的藏刀将牦牛全身的毛割下，绒也混于其中。割毛留茬高，含绒量和产毛量均比剪毛低。

3. 拔毛　将牦牛保定后，左手抓住一小束牛毛，右手拿一根鼓槌状的木棒，将栈端绕住小束牛毛的下部，然后用力拔下。每拔一撮，牦牛痛跳一次，据说这样可促进牛毛的生长。拔下的毛基本不含绒，绒或另行收集，或让其脱落散失。

不论用哪种方法用一次性剪下的毛生产的牦牛毛绒制品，含绒率低，且绒毛结粘，品质差。近年来，随着毛纺技术的改进，一些地区推行先抓绒后剪毛的牦牛毛绒生产方法，提高了牦牛绒的产量和质量。

第三节　牦牛、犏牛早期断奶技术

一、牦牛、犏牛早期断奶的概念和目的意义

（一）早期断奶的概念

早期断奶是在犊牦牛出生后的适宜时期，将母牦牛与牦牛犊分开单独饲养，不再进行哺乳。

（二）早期断奶的目的意义

早期断奶的犊牦牛料肉比最高，消化道疾病的发病率也较一般断奶犊牛低。同时，犊牦牛的绝对饲养成本也大幅降低。生产中实施犊牦牛早期断奶，通过饲喂代乳料，可刺激犊牛瘤胃的早期发育，锻炼和增强其消化机能和耐粗性，以提早建立健全瘤胃微生物系统，从而使犊牦牛提前从液体饲料阶段过渡到反刍阶段，有益于犊牛的生长发育。

科学早期断奶，可以有效缩短犊牦牛补饲时间，加速犊牛瘤胃发育，尽快适应对大量固体饲料的消化，使犊牦牛较早进入育肥阶段。犊牦牛早期断奶可减轻哺乳母牦牛的泌乳负担，有利于母牦牛体况的恢复，促进母牦牛及早发情、提前配种，从而缩短母牦牛的繁殖周期，使牦牛一年一产成为可能。同时，减少了母牦牛代谢性疾病的发生，延长母牦牛

的使用年限。通过早期断奶技术可提早结束母牦牛的哺乳期，是现代牛业高效生产中改善母牦牛繁殖性能常见的技术之一。

另外在放牧环境比较恶劣、牧场草的质量相对较低的情况下，对犊牦牛实施早期断奶是一种高效利用牧草资源的放牧管理模式。

二、早期断奶调控母牦牛发情

牦牛繁殖是牦牛生产中的关键环节，采取早期断奶措施可以提高牦牛的繁殖效率。赵寿保等（2018）通过对 150 头母牦牛实行断奶处理，结果发情母牦牛 104 头，发情率 69.33%。对照组 110 头母牦牛未实行断奶措施，结果发情母牦牛 2 头，发情率 1.80%。试验组母牦牛发情率显著高于对照组（$P < 0.01$）。断奶后母牦牛从第 5 天开始发情，在第 9～15 天发情比较集中，而且发情持续到断奶后的第 24 天。所以，早期断奶是提高母牦牛繁殖能力的一项有效措施。

（一）牦牛的选择与早期断奶

1. 牦牛的选择 郭宪等的研究表明，从青海省大通种牛场育种一队的 9 个牦牛群中选择健康无病、4～6 岁、4 月产犊的经产母牦牛 260 头为试验牛牛群。随机从 5 个牦牛牛群中选择 150 头作为试验组（分成 5 个），其余 4 个牦牛牛群的 110 头为对照组。

2. 早期断奶 试验组牦牛在产犊后集中开展断奶处理（犊牛日龄 90～120d、4 月出生、断奶时间 8 月 4 日），同时对母牦牛进行称重和测量体尺。然后，将母牦牛与犊牛分别组群于不同区域围栏内放牧饲养。对照组不实施断奶措施，母牦牛与犊牛在原有草场常规放牧饲养。试验组、对照组草场条件均能保障母牦牛及犊牛营养需要。

3. 发情鉴定 试验组母牦牛与对照组母牦牛均有专人负责管理。采用观察法每日白天跟群观察母牛发情情况，发现发情母牛采用人工授精方式配种，输精两次，间隔 12h。

4. 犊牛管理 断奶犊牛组群后由专人负责补饲＋放牧管理，未断奶犊牛随母牛放牧。

（二）早期断奶对母牦牛发情的影响

试验组母牦牛断奶后，母牦牛从第 5 天开始发情，第 9～15 天发情比较集中。试验组母牦牛共发情 104 头，发情率为 69.33%。对照组母牦牛在试验期时共 2 头母牦牛发情，发情率为 1.80%。试验组母牦牛比对照组母牦牛发情率高 67.53%，差异极显著（$P < 0.01$）。

（三）早期断奶影响母牦牛发情的效果分析

1. 连产率 牦牛是青藏高原的特有畜种，全年放牧，不补饲或极少补饲。同时，牦牛还需越过一个漫长的枯草期，带犊母牦牛在发情季不发情，导致牦牛的连产率低，所以在牦牛发情的高峰季节 8 月进行犊牛断奶，可以有效提高母牦牛的发情率。早期断奶的时间和饲草料的有效保障是实现牦牛当年产犊后及时发情的两个关键点。

传统牦牛养殖中，犊牛早期断奶在 8 月底、9 月初进行，在这个时候断奶因气候逐渐变冷，且牧草开始枯黄，牧草的营养水平随之下降，影响母牦牛的发情，而且由于来年产犊较迟，犊牛过小，不能在第二年进行断奶，势必会影响到母牦牛的连产率。

2. 发情率 据调查，牦牛在 9 月初进行断奶，在第 7～11 天发情比较集中，从第 12 天开始发情就基本停止。赵寿保等（2018）在 8 月初对犊牦牛断奶，母牦牛从第 5 天开始发情，在第 9～15 天发情比较集中，而且发情持续到断奶后的第 24 天，发情率较高。补饲情况下，断奶和未断奶3月龄和4月龄犊牛生长发育情况无显著差异。因此，8月对犊牛进行断奶，可以有效提高母牦牛的发情率，而且来年产犊提前1个月，在来年也可以对犊牛进行早期断奶，这样就可以使牦牛繁殖模式从两年一胎转变到一年一胎。断奶后母牦牛只要营养水平在上升，母牦牛的发情率就高。反之，如果母牦牛的营养水平开始下降，母牦牛的发情率也就低，甚至会停止发情。

3. 环境条件 牦牛体重与发情没有直接的关系，只要母牦牛体重达到一定阈值（大于180kg）或者体况适宜，营养有保障，就能取得良好的发情效果。试验组5的母牦牛平均体重最高，但发情率仅处于5个试验组的中等水平，推测由于试验组草场离试验点较远，所以在放牧的过程中发现该牛群与其他牛群不合群，经常向自己草场方向游走，与其他牛群相比，采食少，情绪也不太稳定，这可能是突然在陌生的环境中放牧，母牦牛情绪不太稳定造成的。因为另一试验组在自己熟悉的草场，尽管牛群平均体重最低，但发情率较高，这与它们能安静采食，没有受到环境影响有很大的关系。其他牧户的草场离试验点较近，所以环境对母牦牛的发情没有造成太大的影响。因此，保证母牦牛正常发情的另一重要措施是稳定且良好的放牧生态外部环境。

三、早期断奶犊牛的饲养管理

在传统放牧管理模式下，犊牛的断奶方法为自然断奶，通过犊牛逐渐开始自主采食，母牦牛再哺育犊牛和母牦牛逐渐分离。犊牦牛多在1.5～2岁进行自然断奶，而母牦牛对牦牛犊的长期哺乳，往往造成产后母牦牛乏情期延长，严重制约了其繁殖能力。犊牦牛跟随母牦牛放牧时，2周龄左右开始尝试采食牧草，3月龄左右已经可以大量采食牧草，所以在犊牦牛3月龄时进行断奶，其成活率已经基本能得到保证，且该时期恰好处在母牦牛的发情季节。此外，在8月对犊牦牛进行早期断奶时，放牧草场上的牧草还处在生长季，且环境气温较温和，犊牦牛可以更好地适应其采食环境。

（一）开食料供应

犊牛出生饲喂牛乳后，应该逐渐实施开食料的饲喂，于10d内首先诱饲精饲料，饲喂量要逐渐增加，在此期间要保证犊牛有充足的新鲜饮水。10d后，可由犊牛自由采食牧草。

（二）犊牛断奶过渡

犊牛在连续3d内每天采食0.75～1.00kg开食料后，便可开始断奶，并由犊牛自由采食开食料，断奶最难的时期是最初的2d，母牦牛和犊牦牛都不习惯，可以采用母子隔离饲养，犊牛2个月后要逐渐增加饲喂生长料并减少开食料的饲喂。

（三）犊牛冬季保暖

为确保犊牛能够顺利度过严寒天气，犊牛舍地面上可增加厚草垫，有条件的可在四周安装单层彩钢瓦，舍顶安装浴霸灯，以增加舍内温度。

第四节　牦牛一年一产技术

一、技术形成经过

牦牛繁殖是牦牛生产中的基本环节，繁殖率是牦牛生产中重要的经济指标，也是增加牦牛数量、提高牦牛质量的必要前提。母牦牛妊娠期平均 255d（250～260d），具备一年一产的基本条件。但由于牦牛以自然放牧为主，管理粗放，极大地限制了牦牛的生产效率。自然繁育牛群中，繁殖率一般为 60%～75%，繁殖成活率为 45%～75%。母牦牛初情期一般在 1.5～2.5 岁，初配年龄是 2.5～3.5 岁。牦牛繁殖力低，一般两年一产或三年两产，连产率低于 55%。牦牛一年一产技术立足牦牛生殖生理特点，结合青藏高原牦牛放牧特性与高寒牧区季节性生产规律，充分挖掘牦牛的繁殖潜能，提供一种提高牦牛繁殖率的技术。实现牦牛一年一产，不仅有利于调整牦牛畜群结构，而且便于牦牛的选育与生产中的组织管理。

通过控制经产繁殖母牦牛 3 个时间点来实现母牦牛的一年一产，包括配种时间控制点、产犊时间控制点、断奶时间控制点；其中配种时间控制点是 7—9 月，产犊时间控制点是 4—5 月，断奶时间控制点是产犊当年 7—8 月（郭宪等，2013）。同时，在配种、产犊和断奶时间控制点之间，实施配种公母牦牛补饲、基础母牛营养调控和断奶犊牛培育等提高繁育效率配套措施。

配种公牦牛年龄 4～9 岁，体重不低于 320kg；母牦牛为经产母牛、年龄 4～10 岁，体重不低于 210kg。配种公、母牦牛数量比为 1∶（15～20）。种公牛日补饲混合精料 1.5～2.0kg，放牧时自由采食，归牧后补饲营养舔砖和优质青草或干草。基础母牦牛营养调控采取补饲措施，配种期日均补饲精饲料 0.4～0.6kg，妊娠后期日均补饲精饲料 0.8～1.2kg，哺乳期日均补饲精饲料 1.0～1.5kg，同时补饲营养舔砖与青干草。公、母牦牛自由饮水。

母牦牛产犊实行自然分娩，产后加强饲养管理，注重产后体况恢复。初生犊牛应保证尽快吮食初乳提高其免疫力，并加强日常护理。犊牛出生 10d 后训练吃草料，出生 30d 后每日补喂精饲料 0.4～0.8kg，断奶时间为分娩后 90～100d，提供充足精饲料与青草。断奶时间间隔 5～10d，日补饲精饲料 0.7～1.0kg。

二、技术形成的关键措施

结合牦牛生产实际，通过综合配套实施营养调控、繁殖调控、适时断奶调控等技术，控制配种、产犊、断奶 3 个时间点，经产基础母牦牛可实现牦牛一年一产，有效提高牦牛的繁殖效率。

（一）牦牛营养调控

牦牛繁殖受天然草场饲草供给的影响，呈现明显的季节性，繁殖率的高低和牦牛体能的储备和牧草供给密切相关，母牦牛产后出现较长时间的乏情是造成牦牛繁殖率低下的主要原因。产后牦牛的乏情与牦牛妊娠后期及产后期体能的消耗直接相关，同时犊牛长期随母牦牛放牧吸吮母乳对卵巢周期恢复造成了抑制。妊娠期补饲能提高牦牛产后发情周期恢复，也证实了产后牦牛能量负平衡是造成牦牛产后乏情期较长的主要原因。因此，合理调节母牦牛日粮中能量、蛋白质、矿物质、维生素的含量和比例对母牦牛的生殖调节起到至关重要的作用。

同时，加强公牦牛的营养调控，提高公牦牛精液品质并维持正常的交配能力。

（二）牦牛繁殖调控

选择繁殖力高的优良公、母牦牛进行繁殖，有利于提高牦牛的繁殖性能。同时，做好产科疾病（如胎衣不下、子宫内膜炎、卵巢囊肿等）预防，以免影响繁殖配种。加强妊娠期母牦牛护理，规范助产程序，预防胎衣不下和产后感染是减少子宫内膜炎的主要措施。牦牛一年一产技术交配方式以自然配种为主、人工授精为辅。营养良好的母牦牛实施自然配种，也可在母牦牛产后 40～50d 进行人工诱导发情配种。实施人工授精技术时，必须做到准确的发情鉴定和适时输精。准确掌握母牦牛发情的客观规律，适时配种，是提高受胎率的关键。准确的发情鉴定是做到适时输精的重要保证。牦牛的发情鉴定主要采用试情法，根据爬跨程度、受配母牦牛外阴表征和放牧员观察三者相结合，及时准确地确定发情母牦牛。输精技术主要采取直肠把握子宫颈输精法。牦牛的人工授精技术要求严格、细致、准确，做到输精枪慢插、适深、轻注、缓出。消毒工作要彻底，严格遵守技术操作规程。

（三）牦牛适时断奶调控

母牦牛进行隔离断奶后，开始 3～5d 母牦牛采食受到影响，四处游走、嚎叫、找犊牛；犊牛 3～5d 内不能正常吃草，四处游荡，寻找母牦牛，1 周后逐步开始正常吃草。犊牛在断奶 10d 后，与母牦牛合群，犊牛仍然继续吸吮，母牦牛也接受哺乳。

犊牛适时断奶出栏技术是针对犊牛的不同培育目的而建立的一项实用技术，并有利于提高母牦牛的繁殖性能。武甫德等（2005）报道，实施牦牛犊牛早期断奶技术可明显提高牦牛的连产率，是保证牦牛一年一产的有效途径之一，而且此方法简单、易行，便于推广。其要点是在开展早期断奶时，以 10d 以内为宜。如果时间过长，母牦牛就会停乳。采用犊牛断奶措施促进产后母牦牛卵巢周期恢复，母牦牛早期发情，及时配种，并有利于母牦牛次年产犊。犊牛出栏时间迟，母牦牛发情时间相应推迟，次年产犊时间就推迟，从而影响犊牛的生长发育。徐尚荣等（2011）报道，通过对带犊的母牦牛实施隔离断奶，能够明显提高当年产犊母牦牛的发情率和妊娠率。对青藏高原高寒放牧牦牛在发情季节开展适时犊牛断奶工作，可以促进产后母牦牛发情周期的恢复，是牦牛饲养与管理中的技术创新。

三、牦牛一年一产技术模式

（一）牦牛一年一产繁殖模式

通过 3 个时间点，即配种时间控制点、产犊时间控制点与断奶时间控制点构成牦牛一年一产技术繁殖模式。发情配种时间点是牦牛适时配种与妊娠的关键期；牦牛营养调控时间点是妊娠母牦牛营养供给与胎儿正常发育的关键期；牦牛补饲时间点是种公牛保持生产优良品质精液、基础母牛恢复体况并保持繁育生理正常的关键期；犊牛培育时间点是保证犊牛生长发育与犊牛选育的关键期。控制 3 个时间点，保证 4 个关键期，母牦牛进入下一生产周期，确保母牦牛连产，进而提高繁殖效率。

（二）牦牛一年一产技术效果分析

通过营养调控、繁殖调控、适时断奶等措施，母牦牛产犊率为 88.3%，犊牛成活率为 91.7%，繁殖母牦牛连产率为 80.6%。其生产效率比两年一产或三年两产体系增加 30%～40%，犊牛成活率提高 10%～15%。牦牛一年一产技术繁育模式能够充分挖掘繁殖母牦牛的繁殖潜力，提高牦牛的繁殖效率，有利于调整牦牛畜群结构，增加牦牛数量，提高牦牛生产性能，适合在牦牛的选育与生产中使用。

第五节　放牧牦牛补饲和舍饲育肥技术

一、牦牛全放牧育肥出栏技术

该技术使用面广，最大的特点是成本低，效益好，体现了季节畜牧业的特征。其要点是充分利用夏秋季牧草丰盛期抓膘，把握好出栏时间，适时出栏。牦牛的适宜出栏年龄为3.5岁，即经历3个冷暖季，在第3个暖季结束时出栏屠宰（谢荣清等，2005）。实践证明，7—9月强度放牧育肥，10月出栏效果最好。

二、牦牛补饲技术

由于高寒牧区自然生态环境的特殊性，其牧草枯草期较长，饲草料季节性不平衡，导致牦牛生产经济效益不佳。而补饲技术是提高牦牛繁育效率和经济效益的有效途径之一。

（一）季节畜牧业和补饲技术

牦牛产区每年枯草期长达7~8个月，牧草供应季节不平衡，是威胁牦牛安全越冬的关键环节。为使牦牛安全越冬，深入牧区大力宣传储备草料，核心群牦牛头均储草40kg，储料20kg，指导牧民群众在枯草期给母畜和幼畜进行合理补饲，并积极推广人工种草。通过夏秋季扩大人工种草面积，提高草业加工和储备能力，在冬春季合理补饲，提高牦牛抗逆能力和减少掉膘，降低死亡损失。梁育林等（2010）研究了不同饲养水平对天祝白牦牛犊牛培育的影响，结果表明进入枯草期后实行早期断奶，给予科学合理的精、粗饲料搭配补饲，是解决天祝白牦牛犊牛在冷季生长发育受阻、减少乏弱死亡的有效途径之一。

（二）产前、产后瘦弱母牛及犊牛的补饲技术

根据牦牛的性别、年龄及生理阶段，制订相应的补饲饲料配方，科学地使用不同成分的饲料。除了母牦牛产前、产后固定专用围栏草场单独放牧管理外，实施补饲技术，每天每头提供草2~3kg，配合饲料0.2~0.3kg，加强瘦弱母牦牛的体质，缩短产犊间隔；对部分犊牛每天每头补饲配合饲料0.1~0.2kg，提高犊牛的繁活率，降低死亡率，增加出栏率，大幅度提高育肥犊牛的胴体重。

（三）放牧加补饲育肥技术

此项技术的要点是每年把出栏的牦牛分群以后，白天放牧，早晚补饲少量精饲料和饲草，并根据市场、草场、气候等条件确定适宜的出栏时间。这种放牧加补饲方式的结合，效益较好，且出栏自由，经营灵活，最大的特点是可以错开牦牛集中出栏上市的高峰期，缓解了供求矛盾，又可以充分利用冬季牛肉价格开始上涨的时机，达到增收的目的。

（四）舍饲补饲育肥技术

此项技术的做法是将牧区的老牛、阉牛、2~3岁的小龄牦牛收集起来运到农区，利用农区丰富的精饲料和副产品集中育肥，经3~4个月的育肥后出栏，增肉20~30kg，每头牛可增加收入300元左右（梁育林等，2009）。这种育肥方式周转快、效益高、肉质好，而且能随时调整出栏时间，市场销售好，更重要的是减轻了牧区冬春草场压力，避免了冬春牦牛掉膘和死亡。其缺点是投资多、成本高。边守义等（1995）将高海拔地区

（3 000～4 000m）的牦牛转场到较低海拔（2 000m）的农牧区附近，饲料以麦秸和氨化麦秸为主、混合精饲料为辅，进行短期圈养育肥，其研究结果表明牦牛增重效果明显，并可防止冷季牦牛乏弱掉膘。其意义在于不仅降低了高寒牧区草场的载畜量，而且充分利用了农牧区的饲草料，提高了牦牛的出栏率。自然放牧的 6 月龄、18 月龄和 30 月龄的 38 头娟犏牛，到半农半牧区暖棚舍饲育肥 90 d。结果表明：6 月龄组娟犏牛净增重 58.63kg，平均日增重 651.44g，盈利 521.12 元/头，投入产出比 1：1.59；18 月龄组净增重 69.45kg，平均日增重 771.67g，盈利 603.80 元/头，投入产出比 1：1.57；30 月龄组净增重 73.70kg，平均日增重 818.89g，盈利 705.80 元/头，投入产出比 1：1.66。反季节出栏，可取得明显的效果，且 6 月龄、18 月龄、30 月龄的育肥效果基本相同。因此，开展异地暖棚舍饲育肥，建议将当年产的 6 月龄娟犏牛公牛经过冬季舍饲暖棚育肥后当年反季节出栏，以减轻草场压（郭淑珍等，2019）。

◆ **思　考　题**

1. 如何做好犊牦牛的饲养管理？
2. 如何做好母牦牛的饲养管理？
3. 如何做好牦牛的日常管理？
4. 简述牦牛、犏牛早期断奶的目的和意义。

第八章 牦牛常见病的防治

牦牛常见病的防治主要包括常见传染病、常见寄生虫病及常见普通病的防治。

第一节 常见传染病的防治

牦牛常见传染病主要有口蹄疫、病毒性腹泻、巴氏杆菌病、炭疽、布氏杆菌病、沙门氏菌病、大肠杆菌病、传染性胸膜肺炎、结核病、传染性角膜结膜炎。

(一)口蹄疫

口蹄疫是由口蹄疫病毒引起的急性传染病。主要侵害偶蹄兽,具有高度的接触传染性。临床症状主要为口腔黏膜、蹄部和乳房皮肤发生水泡和溃疡。

口蹄疫病毒具有多型性,在牦牛中流行的口蹄疫病毒型为 O 型和 A 型。口蹄疫病毒对外界环境的抵抗力很强,尤其能耐低温,在夏天草场上只能存活 7d,而冬季可存活 195d。

每年春、秋两季分别用 O 型和 A 型疫苗进行预防注射。一旦发病,除对疫区进行封锁外,必须进行焚烧深埋处理。

(二)病毒性腹泻

病毒性腹泻又称黏膜病,是由牛病毒性腹泻-黏膜病毒引起的一种急性、热性传染病。其传染方式多为直接接触和血液传播。该病通常呈散发性和地方性流行,多发于春秋两季,所有年龄段的牛均易感,其中六月龄到两岁龄牦牛感染率较高。其临床症状主要为发热、黏膜发炎、糜烂、坏死与腹泻。

牦牛病毒性腹泻的预防:可采取消灭病毒、接种免疫以及隔离净化和定期检查等措施,及时做好污染物的处理以及环境用具的消毒。由于牦牛病毒性腹泻的有效疫苗尚未研发完全,主要以缓解减轻症状、控制病情为主。

牦牛病毒性腹泻发生后使用抗生素可预防继发性细菌感染。采取科学合理的对策,比如对牦牛进行隔离、同时对已经发病死亡的牦牛采用焚烧的方法,防止病毒的扩散。定期对圈舍进行有效的消毒,加强圈舍的通风等。

(三)巴氏杆菌病

巴氏杆菌病是由多杀性巴氏杆菌引起的多种动物共患的一种急性、热性、败血性传染病。世界卫生组织将其列为 B 类动物疫病,我国将其列为二类动物疫病。由于患病牦牛常以高热、肺炎、急性胃肠炎以及内脏器官广泛出血为特征,故又称牦牛出血性败血症,简称"牦牛出败"。病牛表现出精神沉郁、便秘或腹泻、呼吸困难、腹式呼吸、有脓性分泌物。病理变化为肺脏高度充血、胆囊肿大。该病多呈散发性或地方流行性，一年四季均可发生，气温变化大、饮食寒冷时牛群更易发病。

发生该病时除做隔离、消毒和尸体深埋等处理外，病情较轻的牦牛可选用青霉素和链霉素混合注射。若使用抗生素治疗，治疗的第 1 天可适当增加药物的使用量，以提高治疗效果。当牦牛病情较为严重时，可注射葡萄糖注射液、0.6% 的氢化可的松注射液和 45% 的乌洛托品注射液进行治疗。同时针对 2km 以内所有牦牛紧急注射牛多杀性巴氏杆菌灭活疫苗。

预防措施主要有加强饲养管理，定期消毒环境以减少环境中的病原微生物。注意冷暖季节交替的保温措施，冬季气候巨变时限制轮牧、转移放牧次数。防止病原引入，加大老疫区和受威胁区域隔离工作及疫苗的接种工作。

（四）炭疽

炭疽是由炭疽杆菌引起的一种急性、热性、败血性人兽共患传染病，临床特征是高热、可视黏膜发绀、天然孔出血，病理特征是死后尸僵不全、血凝不良、脾肿大等。该病多呈散发性或地方性流行，一年四季都有发生，但在夏秋温暖多雨季节和地势低洼易于积水的沼泽地带易发病。

每年春秋季，用无毒炭疽芽孢苗或者 II 号炭疽芽孢苗定期接种。发生疫情时，要严格封锁，隔离病牛，专人管理，严格做好排泄物的处理及消毒工作，病牛可用抗炭疽血清或青霉素、四环素等药物治疗。

（五）布氏杆菌病

布氏杆菌病简称布病，是由布氏杆菌引起的一种慢性人兽共患病。牦牛布氏杆菌病虽然造成的死亡率较低，但是会严重影响牦牛的正常生长发育，甚至会导致产生一系列严重的繁殖障碍疾病，使牦牛的生产性能逐渐下降，给养殖户带来巨大经济损失。布病能引起牦牛生殖器官、胎膜及多种组织发炎、坏死，以流产、不育、睾丸炎为主要特征。母牦牛患布病后除流产外一般没有全身的特异性症状，流产多发生在妊娠 5～7 个月时；公牦牛患布病后出现睾丸炎或附睾炎；犊牛感染后一般无症状表现。

该病的预防重点是结合养殖场的发病情况，针对性地建立防控措施。疫苗免疫接种是防范该病传播流行的最有效措施。目前常使用牛 19 号布氏杆菌灭活疫苗。另外，养殖管理人员应坚持每年对牛群进行检疫，对检疫出带菌的牛做扑杀、无害化处理。

（六）沙门氏菌病

沙门氏菌病又称副伤寒，是由沙门氏菌引起的一种细菌性传染病。该病尤其对幼畜危害严重，其中以 10～30 日龄的犊牛发病较多。主要发病症状为发热和腹泻，一般病初时体温升高（达 40～41℃）、呼吸急促、血便。剖检有出血性胃肠炎、肠系膜淋巴结肿大充血。

发现病牛要及时隔离治疗。应用土霉素、痢特灵等进行治疗。对发病牛群可在饲料中加入氟苯尼考预混剂。加强消毒工作，可带畜消毒。同时注意牦牛圈舍保暖，加强环境卫生工作，给予良好的通风。

（七）大肠杆菌病

犊牦牛大肠杆菌病（犊牛白痢病、犊白痢）是由病原性大肠杆菌（埃希氏大肠杆菌）引起的一种严重的犊牦牛急性肠道传染病。主要症状为拉稀（下痢）、肺炎等，严重时表现败血症症状，以及脱水、酸中毒和衰竭而死亡，其主要通过消化道、子宫内和脐带而感染，发病率一般为 $50\%\sim70\%$，致死率为 $10\%\sim20\%$，多发生于 $1\sim4$ 月龄的犊牛。

预防该病：首先应加强母牛和犊牛的饲养管理，圈舍保持清洁、干燥。同时根据病原的血清型，选用同型菌苗进行预防注射。犊牛注意防寒保暖。治疗该病：根据细菌药物敏感试验选用强敏感药物，同时对严重腹泻的牛进行强心补液。

（八）传染性胸膜肺炎

传染性胸膜肺炎具有较强的传染性，又被称作牛肺疫。主要危害牦牛的肺部器官。该病原菌对外界环境的抵抗力比较弱，通过呼吸道和生殖系统进行传播，传播的速度较快。若患病牛没有被及时发现和治疗，就会造成比较严重的损失。

在牦牛日常饲养过程中及时对畜舍进行清洁，确保牛舍清洁和干燥，这对于预防该病具有良好的作用。此外要定期对牦牛进行身体检查，早发现、早治疗。发病早期采用西药进行治疗，同时可以使用中药汤剂进行治疗，效果较好。

（九）结核病

结核病是由结核分枝杆菌引起的一种人兽共患的慢性传染病，牛型结核病的主要病原为牛型菌。用结核菌素进行皮内变态反应是诊断牦牛（畜禽）结核病的主要方法，但由于牦牛个体不同、结核菌型不同等因素，目前还不能将病牛全部检出，有时还能出现非特异性反应，因此在不同情况下要结合流行病学、临床症状、病理变化和病原学诊断等方法进行综合判断。目前有皮试、BOVIGAM® γ 干扰素检测、ELISA 结核抗体检测、牛结核荧光定量 PCR（qPCR）检测等方法。

牛型结核病一般不予治疗。应加强定期检疫，对检测出的病牛要严格隔离或淘汰。若发现为开放性结核病牦牛时，应立即进行扑杀。除检疫外，为防止传染，要做好消毒工作。犊牛出生后进行体表消毒，与病牛隔离喂养或人工喂健康母牦牛的奶，断奶时及断奶后 $3\sim6$ 个月检疫是阴性者，并入健康牛群。对受威胁的牛犊可进行卡介苗接种，1 月龄时胸部皮下注射 $50\sim100mL$，免疫期为 $1\sim1.5$ 年。

（十）传染性角膜结膜炎

牦牛传染性角膜结膜炎俗称"红眼病"，主要发生在炎热和湿度较高的夏秋季节，是主要危害牦牛的一种急性传染性眼部疾病。呈地方性流行性。临床特征为体温升高、眼结膜发红和发炎、大量流泪，相继眼周围出现分泌物，角膜有不同程度的浑浊或呈乳白色。

应坚持预防为主，坚持定期对牦牛活动区进行严格消毒，这对该病的预防具有较好的作用。同时，应减少在紫外线较强的环境中饲养。另外定期观察牦牛眼部变化，若出现相应症状立即采取有效隔离治疗措施，以免病情扩散。常先用生理盐水清洗眼部，小心擦除眼部周围的分泌物，再次使用抗生素进行治疗。

第二节　常见寄生虫病的防治

寄生虫是暂时或永久地在宿主体内或体表营寄生生活的动物。寄生虫分为内寄生虫与外寄生虫。从寄生部位来分：凡是寄生在宿主体内的寄生虫称为内寄生虫，如线虫、绦虫、吸虫等；凡是寄生在宿主体表的寄生虫称为外寄生虫，如蜱、螨、蝇等。

寄生虫病是寄生虫侵入畜禽或人体而引起的疾病，因虫种和寄生部位不同，引起的病理变化和临床表现各异。由内寄生虫引起，称为内寄生虫病；由外寄生虫引起，称为外寄生虫病。

内寄生虫病包括线虫病、绦虫病、棘球蚴病、脑多头蚴病、吸虫病、前后盘吸虫病、弓形虫病、隐孢子虫病、焦虫病、住肉孢子虫病等，涉及的内寄生虫有食道口属的哥伦比亚食道口线虫和辐射食道口线虫、夏伯特属的牛夏伯特线虫、仰口属的牛仰口线虫、古柏属的栉状古柏线虫和珠纳古柏线虫、刚地弓形虫、隐孢子虫、焦虫、住肉孢子虫等；外寄生虫病包括皮蝇蛆病、螨病、蜱病等，涉及的外寄生虫有牛皮蝇、螨、蜱等。

寄生虫对牦牛的危害主要表现为：夺取宿主肠道中的营养物质、吸取宿主的血液以及消化和吞食宿主的组织细胞。此外，寄生虫损伤宿主的组织器官，堵塞宿主的腔道以及压迫组织器官并引入其他病原体等。因此，牦牛感染寄生虫病会对牦牛群的自身生长发育构成严重的影响。表现为持续性消瘦，饲料利用率显著降低，养殖成本显著增高。同时牦牛群的整体抗病能力也会大大下降，如果没有做好妥善有效的养殖管理工作，很容易继发感染。特别是在寒冷的冬季，由于高原牧场进入枯草期，缺少牦牛饲料来源，这种危害更加严重。

寄生虫病是目前危害牦牛生产的较为严重的疾病之一，其中尤以蠕虫病、原虫病、皮蝇蛆病等危害严重。

一、常见内寄生虫病

（一）蠕虫病

蠕虫病是蠕虫寄生于动物体内引起的疾病。蠕虫（helminth）为多细胞无脊椎动物，借身体的肌肉收缩而做蠕形运动，故通称为蠕虫。牦牛蠕虫病最为常见，包括线虫病、绦虫病、棘球蚴病及吸虫病。

1. 牦牛消化道线虫病　牦牛消化道线虫病由寄生于牦牛消化道内的多种线虫所引起。消化道线虫病多为混合感染，轻者引起患畜贫血消瘦，重者引起患畜衰竭死亡。对春季死亡犊牦牛剖检后发现消化道线虫（如捻转血矛线虫，牛仰口线虫，夏伯特线虫）大量感染是其主要诱因之一。目前常用伊维菌素注射剂进行驱虫，效果较好。

2. 牦牛绦虫病　反刍动物绦虫病是由莫尼茨绦虫、曲子宫绦虫和无卵黄腺绦虫寄生于反刍动物包括绵羊、山羊、黄牛、水牛、牦牛、鹿和骆驼的小肠中引起的疾病。这几种绦虫经常混合感染。各种绦虫仅在病原体形态上有差异，其生活史和其他方面大致相似。以莫尼茨绦虫为例。莫尼茨绦虫包括扩展莫尼茨绦虫（*Moniezia expansa*）和贝氏莫尼茨绦虫（*M. benedeni*）。前者主要寄生于成年牦牛，后者多寄生于犊牛。牦牛莫尼次绦虫病危害巨大，临床症状一般表现为贫血与水肿，也可表现神经症状，夏秋季节感染多发。

3. 牦牛棘球蚴病　牦牛棘球蚴病是细粒棘球绦虫在牦牛脑、肝、脊髓等部位进行寄生，诱发的各类神经以及肝炎症状疾病等。牦牛棘球蚴病在牦牛养殖中一年四季都会发生，牦牛患发病后实际生长速度减缓。

该病防控：全面实施规范化检疫管理制度，实施无公害化管理，从源头对牦牛棘球蚴病发生进行控制。在牦牛养殖中，建立良好的养殖环境至关重要。要及时清理、无害化处理养殖区域各类排泄物，提升养殖场通风条件。在日常养殖管理中常用吡喹酮或适量的阿苯达唑类药物定期进行驱虫。

4. 牦牛脑多头蚴病　牦牛脑多头蚴病是由带科多头属的多头绦虫的中绦期幼虫寄生于脑及脊髓中所引起的人兽共患寄生虫病。该病不仅会对牦牛的生长、生产性能造成影响，还会导致牦牛死亡，致使养殖户的经济利益受到损害。

牦牛感染该病后会出现发热、精神与食欲消退等症状，患病牦牛的脑部神经遭到病原体压迫后，会出现一系列的神经症状，如摇头、转圈等。

该病防治：以预防为主，牧户及养殖人员及时清理圈舍内的污物，定期实施消毒工作，杀灭环境中的病原。要定期对牦牛进行驱虫处理，制订科学的驱虫计划，加强宣传教育工作，增强牧户及养殖人员的疾病预防意识。

5. 牦牛吸虫病　肝片吸虫病和大片吸虫病均属于牦牛吸虫病。牦牛肝片吸虫病是由片形科片形属的肝片吸虫寄生于牦牛胆管引起的寄生虫病，可引起牦牛急性或慢性肝炎和胆管炎、贫血、水肿，导致全身中毒和营养障碍，严重者可导致患病牦牛大批死亡，给养殖业造成严重的经济损失。青海省牦牛肝片吸虫的感染率为20%左右。

6. 牦牛前后盘吸虫病　牦牛前后盘吸虫病是由前后盘科前后盘属、腹袋属等多种前后盘吸虫寄生于牦牛的瘤胃所引起的一种吸虫病，童虫移行造成的危害较严重，该病感染已普遍发生。

(二)原虫病

原虫是单细胞真核生物，整个虫体由一个细胞构成，具有生命活动的全部功能。原虫寄生在动物体的腔道、体液、组织或细胞内。其症状和传播方式因原虫寄生部位不同而表现各异。

原虫病的危害：①虫体大量增殖，破坏宿主细胞和组织，并影响其功能。②原虫的代谢产物和崩溃的虫体产生毒性、溶解和致敏作用。③感染原虫后宿主会产生一定的免疫力，虫体通过抗原的变异或其他途径而设法逃避这种免疫力的作用，从而使宿主与虫体保持暂时的平衡。当宿主全身或局部抵抗力下降时，则可使隐性感染转变为临床发作。④原虫的致病作用常与同时存在的病原微生物有协同作用。

牦牛原虫病主要包括牦牛弓形虫病、牦牛隐孢子虫病、牦牛焦虫病、牦牛住肉孢子虫病等。

1. 牦牛弓形虫病　牦牛弓形虫病又称牦牛弓形体病，是由专性寄生的刚地弓形虫引起的一种人兽共患寄生原虫病，呈全球分布且危害严重。

牦牛弓形虫病的临床特征是高热、呼吸困难、中枢神经机能障碍、早产和流产，重症可引起死亡。

2. 牦牛隐孢子虫病　牦牛隐孢子虫病是一种重要的人兽共患寄生虫病，主要引起人和动物的急性或慢性腹泻，目前已被我国列为需重点防范的两个重要寄生虫病之一。感染隐孢子虫后，可引起牦牛食欲减退、腹泻、体重增加缓慢等。

牦牛隐孢子虫病的防治主要采取的是综合性防治措施。以寄生虫的发育史、流行病学特征为基础，围绕消灭传染源、切断传播途径和增强牦牛抗病力等实施综合性防治措施。

3. 牦牛焦虫病　牦牛焦虫病主要是由巴贝斯焦虫和泰勒焦虫寄生于红细胞和网状内皮细胞引起的血液原虫病，该病必须通过寄生于牛体的蜱进行传播。常呈地方性或散发性流行。

牦牛焦虫病的临床症状为高热（呈稽留热）、食欲减退、反刍减少或停止、呼吸急促、可视黏膜充血。

4. 牦牛住肉孢子虫病　牦牛住肉孢子虫病是由住肉孢子虫寄生于牦牛的肌肉或肠道中引起的人兽共患寄生虫病，该病呈世界性分布。牦牛成牛轻度或中度感染时无可见症状；严重感染时，可呈现跛行、虚弱、瘫痪，甚至死亡；犊牛出现食欲减退、虚弱、贫血和心跳加快等症状。

剖检可见全身淋巴结肿大，黏膜和内脏苍白，胸腹腔和心包有积水，脂肪组织浆液性萎缩，心脏、大脑、消化道、泌尿道黏膜有淤血斑。

二、常见外寄生虫病

牦牛主要以天然草场放牧为主，易遭受外寄生虫的侵袭。外寄生虫会引起牦牛营养不良、贫血和发育障碍，不仅影响产肉、产奶等生产性能，同时严重影响牦牛皮肤，给牦牛健康养殖造成危害。牦牛外寄生虫主要包括蝇、蜱、螨等。

1. 牦牛皮蝇蛆病　牦牛皮蝇蛆病是由狂蝇科皮蝇属的牛皮蝇蛆、纹皮蝇蛆和中华皮蝇蛆寄生于牦牛背部皮下组织内引起的一种慢性寄生虫病，是重要的人兽共患寄生虫病。

成蝇产卵时引起牛恐惧，为躲避成蝇而到处跑跳，影响牛的休息和采食。当皮蝇的幼虫初钻入皮肤，引起牛皮肤痛痒，精神不安。在体内移行时造成移行部位组织损伤。特别是第三期幼虫在背部皮下时，引起局部结缔组织增生和皮下蜂窝组织炎，有时细菌继发感染可化脓形成瘘管。牛背部皮肤在幼虫寄生以后，留有瘢痕，影响皮革价值。幼虫生活过程中分泌毒素，对血液和血管壁有损害作用，可引起贫血。严重感染时，患畜表现消瘦，生长缓慢，肉质降低，泌乳量下降。

2. 牦牛蜱病　蜱是家畜体表一种重要的吸血性外寄生虫，俗称草爪子、狗豆子、壁虱。蜱的种类很多，其中最常见的种类多属于硬蜱科。硬蜱呈红褐色或灰褐色，长椭圆形，小米粒至大豆大，背腹扁平，腹面有4对肢。

硬蜱吸食大量宿主血液，幼虫期和若虫期的吸血时间一般较短，而成虫期较长。吸血后虫体可胀大许多，雌蜱最为显著。寄生数量大时可引起病畜贫血、消瘦、发育不良和皮毛质量降低等。由于蜱的叮咬，可使宿主皮肤产生水肿、出血。蜱的唾液腺能分泌毒素，使牦牛产生厌食、体重减轻和代谢障碍。某些种的雄蜱唾液中含有一种神经毒，能引起急性上行性的肌萎缩性麻痹，称为蜱瘫痪。

3. 牦牛螨病　为由痒螨科或疥螨科的螨类寄生于牦牛的体表或表皮内所引起的慢性

皮肤病，又称疥癣、疥虫病、疥疮，俗称癞病。不同种的螨类可引起不同的螨病，以接触感染、患病动物剧痒及各种类型的皮肤炎症为主要特征，具有高度传染性，发病后往往蔓延至全群，危害较重。

牦牛疥螨主要在牦牛皮薄且软的部位寄生，并以表皮深层的细胞液及淋巴液为食物，终生在牦牛皮肤内度过。

牦牛痒螨多在牦牛毛较密而长且温度、湿度比较稳定的皮肤表面生活、繁殖，以皮屑、细胞及体液、淋巴液、渗出液为食，终生营寄生生活。

螨病主要发生于春初、秋末、冬季。一般在秋末开始，冬季出现流行高峰期，次年春末进入夏季，阳光充足、家畜换毛、皮温升高、水草充足时开始逐渐好转，有些出现临床自愈；犊牛、成年体弱母牛的发病率较高于其他牛，有时可遍及全身。临床自愈的牦牛往往成为带虫的传染源；营养充足、体质健壮的，也可能感染但没有临床症状，也是极为重要的传染源；此外，厩舍、放牧地、饮水处、套绳、鞍具以及牧民的衣服和手、犬和其他野生动物等也可能导致间接传播。虫体常隐藏在牦牛躯干毛长或不见阳光的皮褶皱处，如耳壳、尾根、蹄间、眼窝、裙毛内。一旦环境条件发生变化，开始出现临床症状并传染给其他牦牛。发病开始于颈部、角根及尾根等处。

三、常见寄生虫病的防治

（一）牦牛驱虫药给药原则

1. 预防投药 一般在每年春秋两季各进行一次全群驱虫。犊牛在断奶前后必须进行保护性驱虫，防止断奶后产生的营养应激诱导寄生虫的侵害。犊牛在 1 月龄和 6 月龄各驱虫一次。驱虫最好安排在下午或晚上进行，牛在第 2 天白天排出虫体，便于收集处理。

2. 驱虫药物选用 防治肺线虫及其他胃肠道寄生虫可用盐酸左旋咪唑、阿苯达唑、伊维菌素、乙酰氨基、阿维菌素等；防治牛皮蝇可用乙酰氨基阿维菌素等。应注意，伊维菌素较阿维菌素降低了毒素，但泌乳期及临产前 1 个月禁用。

3. 准确使用药量 用药过量易引起中毒，药量不足则达不到驱虫的目的。用药的剂量要严格按照各批药剂的说明书使用。

4. 注意投药方法 驱虫前一般应先禁食，以便于驱虫药物的吸收。

（二）牦牛用药方法

牦牛用药常采用混饲法、混饮法、喷洒法、内服法、注射法和药浴法。

（三）常用药物及用量

1. 治疗牦牛蠕虫病的药物 主要有以下几种。

（1）阿苯达唑（丙硫苯咪唑）：牦牛一次量每千克体重 10～20mg。妊娠 45d 内禁用；休药期 14d。

（2）伊维菌素：按每千克体重 0.2mg 注射给药，按照每千克体重 0.5mg 口服给药。

（3）吡喹酮：按每千克体重 60g 每日量，分 2 次服用，连服 4 日。

（4）氯硝柳胺：按每千克体重 60mg 每日量，分 2 次服用，连服 3 日。

2. 治疗牦牛原虫病的药物 主要有以下几种。

（1）贝尼尔：又名血虫净，临用时用灭菌蒸馏水配成 5% 溶液作深部肌内注射和皮下注射。每天一次，连用 2～3d。牦牛剂量为每千克体重 3.5～5.0mg，可根据情况重复应用，但不得超过 3 次，每次用药要间隔 24h。

（2）吖啶黄：又名吖啶黄素、吖黄素。牦牛剂量为每千克体重 3～4mg。用生理盐水或蒸馏水配成 0.5％～1.0％溶液，静注（注射前加温至 37℃），必要时 24h 后再次用药。

（3）咪唑苯脲：又名双咪苯脲，配成 10％的水溶液肌内注射或皮下注射。牦牛每千克体重 0.7～1.4mg，必要时每天 1～2 次，连续 2～4 次。

（4）硫酸喹啉脲：又名阿卡普林、抗焦素。配成 5％溶液按每千克体重 1mg 作皮下或肌内注射。

第三节　常见普通病的防治

（一）消化不良（腹泻）

该病又称胃肠卡他。多发生在牦牛出生后 12～15 日龄。该病主要在春秋季流行，发病原因主要是母牦牛挤乳过多，犊牛吃初乳不足，饥饱不匀；天气突变，出生后不适应外界环境；在潮湿的圈地上系留或卧息过久、受凉等。患病犊牛以腹泻为主要特征，粪便呈粥状或水样，颜色为暗黄色，后期多排出乳白色或灰白色的稀便，恶臭。病牛很快消瘦，严重者脱水。病初可用抗生素控制病情，使用土霉素、庆大霉素等。如脱水可及时补充糖类，静脉注射 50％葡萄糖。若为病毒性腹泻可注射干扰素等。

（二）犊牛胎粪滞留病

犊牦牛出生后，若吃足初乳一般在 24h 内排出胎粪，如果 24～48h 内未排出，则为胎粪滞留。犊牛表现出不安，拱背努责，回头望腹，舌干口燥，结膜多呈黄色，在直肠内可掏出黑色浓稠或干结的粪便。可用温肥皂水灌肠，口服食油或石蜡油 50～100mL。预防该病应注意，牦牛出生后应尽快让其吃足初乳。哺乳前应将母牦牛乳头中的前几滴奶挤掉，擦拭乳头。

（三）牧草中毒

牦牛常因误食萌发较早的有毒牧草（毒芹、飞燕草等）而中毒，特别是幼牦牛中毒较多。采食大量毒草后，一般 1h 后出现中毒症状，轻者口吐少量白沫，食欲减退；重者低头，行走摇摆，呼吸加快，起卧不安。治疗病牛可喂食酸奶 0.5kg 或脱脂乳 1kg、食醋 0.25～0.5kg。

应避免在毒草较多的草原上放牧。有条件的地方，可采取铲除毒草或选用化学除草剂除去毒草。

（四）水泡性口炎

该病是由水泡性口炎病毒引起的急性、热性水泡性传染病。牦牛采食粗硬、尖锐牧草或采食毒草，气温突变，草场更换都可引起该病。病牛体温高达 40～41℃，舌面、颊部黏膜及唇部有米粒大小的水泡，继而融合成大豆或核桃大的水泡，内有透明的淡黄色液体，经 1～2d 水泡破裂，泡皮脱落后留一浅红色烂斑。重者颊部黏膜处的皮肤穿孔。蹄或其他部位未见病变。病程 1～3 周。

对病牛对症治疗，对口腔黏膜或嘴角用 0.1％高锰酸钾溶液冲洗，然后涂抹碘甘油

（碘 7g、碘化钾 5g、酒精 100mL，溶解后加入甘油 10mL）。

（五）瘤胃积食

该病主要是牦牛采食了大量难以消化的饲料或容易膨胀的饲料所致，也可能是误食碎布、塑料或其他异物等造成幽门堵塞或瘤胃内积食过量、扩张。发病率占成年牦牛疾病的5%左右，幼牦牛发病极少。病症为病牛采食及反刍逐渐减少或停止，粪便减少似驼粪，腹围增大，触摸瘤胃有充实坚硬感。

为排除瘤胃内异物，可用熟菜籽油（凉）0.5～1kg，或石蜡油 0.5～2kg，1 次灌服。如不奏效，第二天再服 1 次。生大黄 30～150g，砸碎，加水。5～2.5kg 煮 30min，待凉后灌服（孕牛慎用）。为提高瘤胃的兴奋性，可用烧酒 100～200g 加水 0.5L，溶于大量水中灌服。当臌气不严重时，用一木棒横放于牛口中，使口张开，再用另一木棒轻捣软腭，不断拉舌，配合压迫左肷部，可促进排出气体。伴有明显膨气而呼吸困难时，灌食醋0.5～1kg 或白酒 250g 加水 0.5L。也可用套管针穿刺瘤胃放气。

（六）子宫脱出

牦牛子宫脱出在兽医临床上是常见病。用普通牛种的冻精配种，杂种胎儿体大，难以正常分娩，分娩或牵引胎儿时多将子宫连同胎衣娩出。多见经产牦牛或产犊季节体质乏弱的牦牛。患牛体弱，多卧地使脱出子宫拖地，被粪土、草屑等污染，子宫发生淤血，短时间内发炎或坏死。

使患牛前低后高站立，并保定。野外无法保定时，可使患牛侧卧固定于斜坡处，后高前低，后躯下铺上干净的塑料布。整复前掏出直肠内的积粪，以免排粪污染子宫。用生理盐水（40℃左右）彻底冲洗脱出的子宫，经消毒之后剥离附着的胎衣。用 5%的盐酸普鲁卡因注射液 40～50mL，洒于脱出的子宫表面，洒后患牛即停止努责。再用拳头顶住子宫的尖端，小心用力推进，将脱出的子宫送回原位。一般不必缝合或固定阴门。术后连续注射青霉素、链霉素 3d，整复后 3～4h 应有专人护理，禁止病牛卧倒，加强饲养管理 1 周。

（七）胎衣不下

牦牛胎衣不下的情况较少见。正常分娩时，产出胎儿 12h 后仍未排出胎衣者，称为胎衣不下。分全部胎衣不下（大部分滞留于子宫，少量垂于阴门外或阴门外不见胎衣）和部分胎衣不下（大部分悬垂于阴门外）。胎衣经 2～3d 就会腐败，从阴门排出红褐色恶臭黏液，能引起自体中毒，体温升高，采食停止。初产母牦牛、10 岁以上老龄母牦牛或缺钙等矿物质的母牦牛易发此病。

发病初期可向子宫内灌注抗生素（青霉素、土霉素）以防止腐败，待胎衣自行脱出。采用高锰酸钾 1.7～2g、温水 400mL 配成溶液，1 次子宫内灌注，经 24～41h 胎衣自行脱落；若治疗无效，应及早请兽医师进行手术剥离。

（八）创伤

牦牛角细长而尖锐，时有角斗相互抵伤，伤及皮肤、肛门甚至阴门，也有因异物刺伤皮肤、蹄及摔伤等情况。有未感染的新创伤，也有因牦牛体表覆盖长毛而感染的创伤，甚至化脓溃烂等。

医治新创伤：应先剪去其周围的被毛等，用 0.1%的高锰酸钾溶液清洗创面，消毒后撒上消炎粉或青霉素，然后用消毒纱布或药棉盖住伤口。如有出血，撒上外用的止血粉。

裂开面大、严重时，应缝合后再包扎。如流血严重时，肌内注射止血敏 10～20mL 或维生素 K_3 10～30mL。

医治感染的创伤：先用消毒纱布将伤口覆盖，剪去周围的被毛，用温肥皂水或来苏儿溶液洗净创围，再用 75％酒精或 5％碘酒进行消毒。化脓的要排出脓汁，刮去坏死组织，用 0.1％高锰酸钾溶液或 3％双氧水将创腔冲洗干净，用棉球擦干，撒上消炎粉或去腐生肌散、抗生素药粉。化脓感染严重的，应请兽医师诊疗。

◆ 思 考 题————————————————————————————

1. 牦牛常见传染病有哪些？

2. 简述牦牛巴氏杆菌病（牦牛出败）的临床症状。

3. 常见牦牛寄生虫病有哪些？

4. 简述牦牛驱虫药给药原则。

第九章　牦牛养殖场的设计和建造

第一节　牦牛养殖场的选址和公共卫生

牦牛怕热不怕冷，耐粗饲且性情较野，生产中要按照其生理特点、生活习性和对环境条件的要求，结合本地自然地理和气候条件，合理布局、科学建造，为牦牛生产提供良好的环境条件。牦牛养殖场的选择要有周密考虑，要符合防疫规范要求，统筹安排且有长远的规划，同时要与当地农牧业发展规划、农田基本建设规划以及今后修建住宅等规划结合起来，且适应现代化养牛业的需要，根据前期规划的牦牛养殖场规模及场地面积要求，选择合适的场地。

一、牦牛养殖场的选址

牦牛养殖场选址应遵循以下几条原则。

（一）法律法规

牦牛养殖场选址要符合国家《畜禽养殖用地政策》《中华人民共和国农业法》《中华人民共和国草原法》《中华人民共和国畜牧法》《畜禽养殖污染物防治技术规范》等相关政策法规的要求，符合当地土地利用发展规划和城镇建设发展规划、农牧业发展规划、农田基本建设规划等地方性政策条例。

（二）地势

牦牛养殖场应选择在地势高燥、背风、向阳、水源充足、无污染、供电和交通方便的地方。远离公路、城镇、居民和公共场所 1km 以上。

（三）地质

牛场的地面以沙壤土为佳，避免采用黏土、盐碱土地。地面要平坦稍有坡度，坡度不宜大于 5°，以 1°～3°较为理想，以便排水。总坡度应与水流方向相同。

（四）走向

牛舍一般为东西走向，两排牛舍前后间距应大于 8m，左右间距应大于 5m。

（五）供水

周边有充足的合乎卫生要求的水源，保证生产、生活及人畜饮水。

（六）气象因素

要综合考虑当地的气象因素，如年平均气温，最高温度、最低温度，湿度、年降水量，主风向、风力等因素，以选择有利地势。

（七）饲草料种植用地

牦牛养殖场周围必须有相应的饲草料种植土地，以保证饲草料及时充足供应，减少运输成本。

（八）卫生防疫和环保要求

符合卫生防疫和环保要求，远离主要交通要道，位于村镇、居民点和企事业单位的全年主风向的下风向。

二、牦牛养殖场的公共卫生

为保证牦牛群的健康和安全，做好防疫工作，避免污染和干扰，应建立科学的环境卫生设施。

（1）做好场界与场内的防护设施。

（2）牦牛养殖场的供水：牦牛养殖场的用水量包括生活用水、生产用水、灌溉和消防用水。

（3）牦牛养殖场排水设施：为保证场地干燥，需重视场内排水，排水系统应设置在各道路的两侧和畜禽的运动场周边，多采用斜坡式排水沟。

（4）贮粪场或池的设置：应在生产区的下风方向，与住宅保持200m、与牦牛舍保持一定的间距。贮粪池的深度以不浸没地下水为宜，底部用黏土夯实或水泥抹面，以防粪液流失。

（5）牦牛养殖场绿化：牦牛养殖场绿化对改善场区小气候作用很大。在进行场地规划时必须留出绿化地，包括防风林、隔离林，行道绿化、遮阳绿化、绿地等。

第二节　牦牛舍的建筑设计

牦牛养殖场的建筑包括生产建筑、辅助生产建筑和生活管理建筑三部分。其中，消毒室、化验室、库房、饲料加工间、修理间、变（配）电室、水泵房等辅助生产建筑的工艺比较简单，设计时，可参考民用建筑及其配套设施工程设计的标准与要求进行。办公用房、职工宿舍、食堂等生活管理建筑则属于民用建筑范畴，可按照普通民用建筑设计标准和要求设计。牦牛舍是牦牛养殖场主要的生产场所，其设计合理与否，不仅关系到牦牛舍的安全和使用年限，而且对牦牛的潜在生产性能能否得到充分发挥、舍内小气候状况、牦牛养殖场工程投资等具有重要影响。由于牦牛生产具有特殊工艺要求和严格的生产工艺流程，牦牛场中的各类牛舍等主要生产建筑设计也有其特殊要求。

一、牦牛舍建筑设计的地域要求

我国幅员辽阔，地形复杂，各地气候悬殊。为适应各种不同的气候条件，各地的畜舍建筑有着许多不同特点和要求。炎热地区需要通风、遮阳、隔热、降温；寒冷地区需要保温防寒；沿海地区台风强大，多雨潮湿；高原地区日照强烈，气候干燥，这些在当地建筑上都有所反映。因此，进行畜牧场工程工艺设计时，必须充分掌握拟建地区的气候资料，做到因地制宜，为建筑设计提供适宜的技术要求。根据地域要求，全国有七大建筑气候分区。牦牛主要生活在青藏高原地区。因此主要介绍西南地区-Ⅴ区、青藏高原地区-Ⅵ区、新疆地区-Ⅶ区。

（一）西南地区-Ⅴ区

该区包括四川、重庆、云南、贵州和湖北的西部以及陕西、甘肃省在秦岭以南的地区。我国牦牛在该区主要涉及四川、甘肃、云南省（自治区）。

1. 通风、隔热、降温　四川盆地夏季闷热，冬季阴湿，畜舍宜采用开敞式，并利用对开门窗、腰头窗或落地长窗等进行自然通风，屋顶及西向外墙应注意隔热设计，以降低夏季舍内温度。云贵高原夏季不酷热，隔热要求不高，但需适当通风以防潮。

2. 采光　四川盆地和贵州山地终年多阴云，日光照度小，畜舍多以开敞式为宜，以满足自然采光要求，封闭舍主要以人工采光为主。

3. 防潮、防雷　该地区各地湿度均较大，雷击日数较多，畜舍建筑应注意防潮与防雷。

（二）青藏高原地区-Ⅵ区

该区包括西藏自治区和青海省大部分、四川省的西北部及新疆维吾尔自治区的南部高原地区。我国牦牛在该区主要涉及西藏、四川、新疆、青海省（自治区）。

1. 保温防寒　除藏南个别冬季较暖地区，其他多为高寒地区，建筑物的围护结构需要满足保温的热工要求（外墙的保温性能一般相当于 37～49cm 厚的实砌砖墙），面向冬、春盛行风的外墙尽可能不开或少开门窗；畜舍高度宜稍低，向阳墙面宜开启面积较大的窗户，多争取冬季日照，调节舍内温度。

2. 遮阳　因该区夏季气温较低，但太阳辐射强烈，舍内常比舍外阴凉，故向阳门窗宜设遮阳设施，在畜禽的日常管理上，也应注意遮阳。

3. 防风沙、防雷击等　该区属风沙、雷击、山洪等自然灾害多发地区，因此，在选择场址及进行设计时亦应多加注意。

（三）新疆地区-Ⅶ区

该区包括新疆维吾尔自治区和青海省的柴达木盆地，及甘肃省的一小部分地区。我国牦牛在该区主要涉及甘肃、新疆、青海省（自治区）。

1. 防寒保温、隔热遮阳　该区位于欧亚大陆中心，距海洋甚远，四周高山环绕，地形闭塞，因而所形成的气候条件较为复杂。天山北部突出的问题是保温防寒；天山南部则兼有防寒保温、隔热通风的问题；而吐鲁番市夏季极端酷热，以"火州"著称，该地区的突出问题则为隔热、降温和遮阳。因此，在畜舍建筑设计上需根据各分区的不同特点进行设计。天山以北地区畜舍的围护结构必须满足冬半年长期保温的热工要求，外墙的保温性能相当于 49～62cm 厚砖墙；天山以南地区，则要求外墙保温性能相当于 37cm 厚的实砌砖墙；而吐鲁番市夏季室外温度很高，云量少，辐射强烈，一般建筑不宜利用通风来降温，而且隔绝室外热空气和太阳辐射的侵入，当地多行构筑土坯墙或土拱墙以达隔热的要求。

2. 防冰雪、防风沙　该区北部冰冻、降雪期较长，且积雪较深，屋顶须有排除积雪的设施，以免积成雪檐、冰柱；该区大部分地区冬春也多风沙，在门窗上应有防御设施。

此外，该区局部地区有碱土，应注意克服泛碱现象。

二、牦牛舍建筑设计的原则

进行牦牛舍设计时，必须遵循以下原则。

（一）满足建筑功能要求

牦牛舍建筑应充分考虑牦牛的生物学特性和行为习性，为牦牛生长发育和生产创造适宜的环境条件，以确保牦牛健康和正常生产性能的发挥。

（二）符合牦牛生产工艺要求

规模化牦牛养殖场应按照流水式生产工艺流程，进行高效率生产。牦牛舍建筑在建筑形式、建筑空间及其组合、建筑构造及总体布局上与普通民用建筑、工业用房有很大差别。况且，现代牦牛生产工艺因牦牛品种、年龄、生长发育强度、生理状况，生产方式的差异，对环境条件设施与设备、技术要求等有所不同。因此，牦牛舍建筑设计应符合牦牛生物学特性要求，便于生产操作及提高劳动生产率，利于集约化经营与管理，满足机械化、自动化所需条件和留有发展余地。

（三）有利于各种技术措施的实施和应用

正确选择和运用建筑材料，根据建筑空间特点，确定合理的建筑形式、构造和施工方案，使牦牛舍建筑坚固耐久，建造方便。同时，牦牛舍建筑要利于环境调控技术的实施，以便保证牦牛良好的健康状况和高产。

（四）经济实用

在牦牛舍设计和建造过程中，应进行周密的计划和核算，根据当地的技术经济条件和气候条件，因地制宜、就地取材，尽量做到节省劳动力、节约建筑材料，减少投资。在满足先进的生产工艺前提下，尽可能做到经济实用。

（五）符合总体规划和建筑美观要求

牦牛舍单体建筑是总体规划的组成部分，应符合牦牛养殖场总体规划的要求。建筑设计要充分考虑与周围环境的关系，如原有建筑物的状况、道路走向、场区大小、环境绿化、牦牛生产过程中对周围环境的污染等，以便其与周围环境在功能和生产程序连接上关系顺畅。注意牦牛舍的形体、立面、色调等要与周围环境相协调，利用农业建筑本身的特点，创造出朴素明朗、简洁大方的建筑形象。

三、牦牛舍建筑设计的依据

（一）人体操作空间和牦牛生活空间需求

人体尺度和人体活动所需要的空间范围是牦牛舍建筑空间设计的基本依据之一。此外，牦牛舍设计时还需考虑牦牛的体型尺寸和活动空间。

（二）设备尺寸和必要的空间

牦牛舍面积标准与设备参数，料槽采食宽度设计参数：成年母牦牛 600～760mm，育肥牛 56～71mm，犊牛 46～56mm；自由采食时，粗饲料槽 15～20mm，精饲料槽 10～15mm，自动饮水器 50～75 头/个（参考肉牛）。

四、牦牛舍类型

尽管牦牛有很强的抗逆性，但其对恶劣环境的适应是以降低体重、降低繁殖能力、延长出栏周期为代价的。若想实现牦牛养殖业的高产、优质和高效，就必须改变其生存环境。

牦牛舍饲养殖起步较晚，牦牛舍目前主要有牦牛冷季暖棚、单列式和头对头双列式集约化育肥牛舍等几种类型。

（一）牦牛冷季暖棚

受高原独特环境条件影响，在漫长的冷季，牦牛减重严重，有时甚至死亡，造成严重的经济损失，建造牦牛冷季暖棚，能有效改善牦牛寒冷季节的生长环境，是发展高原牦牛业的重要途径。由于牦牛冷季暖棚是一种被动式接受太阳能的牛舍，其构造简单，建筑成本低，设计施工灵活多变，在广大牦牛产区有着比较广泛的应用。

冷季暖棚饲养分冷季塑膜暖棚全舍饲和冷季放牧加半舍饲暖棚饲养等。何梅兰等（2005）报道，牦牛在寒冷季节用塑膜暖棚全舍饲养殖及越冬保膘效果十分明显，是缩短饲养周期、降低饲料成本、提高经济效益的有效途径。在冷季，塑膜暖棚全舍饲的牦牛，不但能克服寒冷、缺草料等因素造成的体质下降，而且保膘效果明显或体重均有增加。因此，加强棚圈建设，推广塑膜暖棚，使牦牛在寒冷枯草季节减少能量消耗，使部分瘦弱、妊娠母牛及犊牛在补饲后有较好的体质，可提高母牛繁殖率，降低犊牛死亡率，提高仔畜成活率。该技术具有一次性投资、多次利用、见效快、使用方便、效益明显等优点，并为高寒地区的牦牛创造了正常生活、生长的小气候环境。

冷季放牧加半舍饲暖棚饲养是一种实用而易于推广的高寒牧区牦牛培育技术。谢荣清等（2005）报道，在冷季 2.5 周岁牦牛采用"放牧＋半舍饲＋补饲"饲养 210d，可使牦牛减少掉膘率 18.15%。减少掉膘，能使牦牛在青草期尽快恢复体况，暖季更能充分发挥其采食上膘能力强的特性。所以，冬春除放牧外，宜修建保暖性能良好、通风透气温湿度适宜、条件优越、投资小、成本低的暖棚，以便牦牛保暖越冬。

牦牛越冬补饲暖棚为单层、双坡或单坡屋面、矩形平面；钢骨架结构，工字钢立柱与南北墙高度约为 2.4m；外墙采用砖混墙体，水泥砂浆勾皮带缝，内外砂浆抹面；屋脊高 1.2m，南屋面略大于北屋面；不透光屋面采用彩钢板，约 1/3 面积的南屋面采用透光的聚碳酸酯（PC）板；南墙设门，供牦牛和牧民出入。南墙下接近地面处设置通风口，北墙高位处设通风窗。暖棚内设若干固定于地上或中间立柱上的补饲料槽，用于归牧后补饲精饲料或青干草。暖棚数量和面积视养殖规模而定，一般为并排单列或多列式排列或根据实际情况进行调整。牦牛单间暖棚面积为（3.5×15）m²，暖棚外要设置运动场，对白天进行放牧、夜间进行补饲的牦牛，其暖棚外运动场要适当缩小，对采用完全舍饲的牦牛，其运动场要适当加大。

（二）集约化育肥牦牛舍

集约化育肥牦牛舍在国内尚处于试验探索阶段。目前大多参考肉牛、奶牛舍进行修建，但都在牛舍外设置了比较大的运动场。

1. 地面 因建材不同而分为黏土地面、三合土（石灰∶碎石∶黏土为 1∶2∶4）地面、石地面、砖地面、木质地面、水泥地面等。为了防滑,水泥地面应做成粗糙磨面或划槽线。

2. 墙体 是牛舍的主要围护结构,将牛舍与外界隔离,起承载屋顶和隔断、防护、隔热、保暖作用。墙上有门、窗,以保证通风、采光和工作人员、牦牛出入。根据墙体的情况,可分为开放式、半开放式和封闭式三种类型。开放式牦牛舍四面无墙。半开放式牦牛舍三面有墙,一般南面无墙或只有半截墙。封闭式牦牛舍,上有屋顶,四面有墙,并设有门、窗。

3. 门 有内外之分。外门的大小应充分考虑牦牛自由出入、运料清粪和发生意外情况能迅速疏散牦牛的需要。每栋牛舍的两端墙上至少应该设2个向外的大门,其正对中央通道,以便于送料、清粪。大跨度牦牛舍也可以正对粪尿道设门,门的数量、大小、朝向都应根据牦牛舍的实际情况而定。较长或带运动场的牛舍允许在纵墙上设门,但要尽量设在背风向阳的一侧。所有牛舍大门均应向两侧开,不应设台阶和门槛,以便牦牛自由出入。门的高度一般为2~2.4m,宽度为1.5~2m。

4. 窗户 设在牛舍中间的墙上,起到通风、采光、冬季保暖的作用。在寒冷地区,北窗应少设,窗户的面积也不宜过大,以窗户面积占总墙面积1/3~1/2为宜。

5. 屋顶 是牦牛舍上部的外围护结构,具有防止雨雪和风沙侵袭以及隔绝强烈太阳辐射热的作用。冬季可防止热量大量地排出舍外,夏季则可阻止强烈的太阳辐射热传入舍内,同时也有利于通风换气。常用的面棚材料有混凝土板、木板等。牦牛舍高度(地面到天花板的高度)标准通常为2.4~3.3m,根据牛舍类型、地区气温而不同,双坡式为3.0~3.3m,单坡式为2.5~2.8m,钟楼式稍高点,棚舍式略低些。在寒冷地区可相应降低0.5m左右。屋顶斜面呈45°。

6. 牛床 是牦牛采食和休息的场所。牦牛床应具有保温、不吸水、坚固耐用、易于清洁消毒等特点。牛床的长度取决于牦牛体格大小和拴系方式,一般为1.45~1.80m(自饲槽后沿至排粪沟)。牛床不宜过短或过长,过短时牦牛起卧受限,容易引起腰肢受损;过长时粪便容易污染牛床和牛体。牛床的宽度取决于牦牛的体型。一般牦牛的体宽为75cm左右,因此,牛床的宽度也设计为75cm左右。同时,牛床应有适当的坡度,并高出清粪通道5cm,以利于冲洗和保持干燥,坡度常采用1.0%~1.5%,要注意坡度不宜太大,以免造成繁殖母牦牛子宫后垂或产后脱出。此外,牛床应采用水泥地面,并在后半部划线防滑。牛床上可铺设垫草或木屑,一方面保持干燥、减少蹄病,另一方面又有益于卫生。繁殖母牦牛的牛床可采用橡胶垫。

拴系方式有硬式和软式两种。硬式多采用钢管,软式多采用铁链。其铁链拴牛又有直链式和横链式之分。直链式铁链尺寸为长链130~150cm,下端固定于饲槽前壁,上端拴在一根横栏上;短链50cm,两端用两个铁环穿在长链上,并能沿长链上下滑动。这种拴系方式的牛上下左右可自由活动,采食、休息均较为方便。横链式铁链尺寸为长链70~90cm,两端用两个铁环连接于侧柱,可上下活动;短链50cm,两端为扣状结构,用于拴系牛的脖颈,这种拴系方式的牛亦可自由活动。

7. 运动场 舍饲牦牛场在每栋牛舍的南面应设有运动场,运动场不宜太小,否则密度过大,易引起运动场泥泞、卫生差,导致腐蹄病增多,运动场的占地面积一般可按繁殖母牛每头 20～40m²、后备牛和育肥牛每头 15～20m²、母犊牛 5～10m² 安排。运动场场地以三合土或沙质土为宜，地面平坦，并有 1.5%～2.5% 的坡度，排水畅通。场地靠近牛舍一侧应较高，其余三面设排水沟。沿周围应设围栏，围栏要坚固，常以钢管建造，围栏高一般为 1.5m，栏柱间距 1.5m。运动场内应设有凉棚，既可防雨，也可防晒。凉棚设在运动场南侧，凉棚高 3～3.6m，凉棚面积每头牛为 5m²，棚下有饲槽、饮水池，棚盖材料的隔热性能好。此外，运动场的周围种植树绿化。

五、牦牛舍的环境控制

我国是牦牛养殖大国，牦牛的数量多，分布区域广泛。同时，我国牦牛养殖又落后奶牛和肉牛，表现为饲养分散，科技含量低，养牛环境差，养牛与牛肉、牛乳加工相脱节等问题。牦牛养殖方式和规模有牧民散养、个体养牛专业户、养殖合作社、大型育肥牛场等。为了使牦牛在不同地区、不同环境条件下连年不间断生产，单产水平不下降，充分发挥其生产潜力，必须给牦牛创造适宜的生长环境，一个关键因素就是牛舍的建造，牛舍的建筑、结构、设备、保温、隔热、通风等因素都不同程度地影响着牦牛的生长。有数据表明，品种、饲料和环境 3 个因素在集约化养牛生产中的相对作用分别占 10%～20%、40%～50% 和 20%～30%。

（一）温度

牦牛舍要做到冬暖夏凉。冬季保温不低于 5℃，下雪后要及时扫除牛舍顶部的积雪。夏季要防太阳暴晒，气温最好不超过 30℃。春秋季节气候温和，牛采食量大，生长发育快，是育肥效果最好的季节。育肥牦牛舍适宜温度范围为 5～21℃，最适温度范围 10～15℃；产犊舍温度不低于 8℃；其他牛舍不低于 0℃。牛舍地面附近与顶棚附近的温差不超过 2.5～3℃。墙壁附近温度与牛舍中央的温度差不能超过 3℃。

（二）湿度

牦牛舍一般湿度较大，但湿度过大危害牦牛生产，轻者达不到肉用质量要求，重者引发牛群体质下降、疾病增多。所以，舍内的适宜相对湿度是 50%～70%，最好不要超过 80%。牛舍应保持干燥，地面不能太潮湿。维持湿度可以在后墙开排粪洞，有排湿作用，也可在牦牛舍屋顶设天窗，作为排湿的补充设施，当湿度过大时开启天窗排湿。

（三）空气质量

牦牛舍不宜累积过多的有毒有害气体，过长时间的封闭会造成 CO_2、CH_4 等有害气体的累积，需要通风排除。通风不仅排除有害气体，同时排除热量和水汽，保证牦牛舍合适的温度和湿度。牦牛舍应保持适当的气流，寒冷季节里，要求气流速度在 0.1～0.2m/s，不超过 0.25m/s。夏季则应尽量使气流不低于 0.25m/s。随着气流速度增加使牦牛的非蒸发散热量增加，产热量增加，从而造成能量的浪费。另外，应能在冬季及时排除舍内过多的水蒸气和有害气体，保证牦牛舍氨含量不超过 26g/m³、硫化氢含量不超过 6.6g/m³。

（四）光照

白天牛舍内照度要符合饲养标准，对牦牛饲养无负面影响。同时，较大的采光面积使得舍内热辐射较多，温度增加，提高牛只体感温度，增大舒适度。牦牛舍采光系数即窗户受光面积与牛舍地面面积之比，商品牛舍为 1：16 以上，入射角不小于 25°，透光角不小于 5°，应保证冬季牛床上有 6h 的阳光照射。

（五）粪尿等排泄物

排泄物要及时清除，如果粪尿在牛舍堆积就会产生异味和有害气体，招引蚊虫，滋生细菌，不利于牦牛生长发育，容易引发疾病。但牦牛的粪尿又是天然的有机肥料和生物燃料，应该加以合理利用，变废为宝。

（六）安全及防暑降温

牦牛场安全中最重要的是防火，因干草堆及其他粗饲料极易被引燃，管理不当的干草堆等在受雨淋湿后，在微生物作用下会发酵升温，如不及时翻晾，将继续升温而引起"自燃"，造成火灾。除制定安全责任制度外，还需配备防火设施，如灭火器、消防水龙头等。其次是防止牦牛逃离，围栏门、牛舍及牛场大门都要安装结实的锁扣。再次是防暑，气温高于 25℃时，牦牛开始出现热应激反应。而防暑的最好方法是注意牛场建设布局的通风性能，防暑设施成为牦牛避暑的屏障，运动场上可对立搭建部分凉棚，此外，在牛舍或牛棚安装大型排风扇和喷雾水龙头等也是防止牦牛中暑的有效手段。最后是防寒，牦牛是比较耐寒冷的动物，但是温度过低会导致牦牛生长缓慢，饲草料转化率低，饲养效益下降。舍饲牛舍要防止贼风。牦牛舍多为半开放式，在冬、春季节大风天气可在迎着主风向的牛舍面挂帘阻挡寒风。

（七）绿化

牦牛养殖场的绿化不仅能美化环境，更重要的是能改善场区小气候，净化空气，减少尘埃，降低噪声，同时还具有防疫、防火作用。牦牛场的绿化，主要有场区及道路的绿化和牛舍周围的绿化。牛舍周围要种植低矮植物，以免影响舍内采光。道路绿化可根据场地的实际情况，结合卫生防疫间隔，进行统筹安排，达到既美观又能起到卫生防疫的作用。

第三节　高寒地区牦牛的常用饲养设施

放牧牦牛的草地上，除少数地区有一些简易的配种架，牛、羊共用的药浴池和青贮窖（主要供羊用），预防接种用的巷道圈等设施外，一般很少有牧地设施。棚圈只建于冬春营地，而且只供牛群夜间使用。

一、泥圈

这是一种永久性的牧地设施，一般应建于定居点或离定居点不远的冬春冷季牧场上。主要供泌乳牛群、幼牛群使用。一户一圈或一户多圈，现多一户一圈，冬春季节将所有牦牛混群关于其中。

泥圈分有棚、无棚两种，以圈的一边有棚者为多。泥圈墙高 1~1.2m，大小以 200~600m² 为宜，在圈的一边可用木板或柳条编织后上压黏土方式搭建棚架，棚背风向阳，不用门。泥圈有单独一圈的，也可以两三个或四五个圈相连。圈与圈用土墙或用栏相隔。有栏门相通的，也有每圈各开一门的。若多个圈相连，其中顶端的一个圈往往建有木栏巷道（称基道圈）专供预防接种、灌药、检查等用。

二、粪圈

这是一种利用牛粪堆砌而成的临时性的设施。一般是当牦牛群进入冬春冷季牧场时，在营地的四周开始堆砌。方法是：每天用新鲜牛粪堆积 15～20cm 高的一层，过一夜，牛粪冻结坚固后，又再往上堆一层，连续数天即成圈。粪圈有两种：一种是无顶圈，像四堵围墙那样，关成年牦牛用，面积较大，可防风雪；一种专用于围栏犊牦牛，其形状像倒扣的瓦缸，基础如马蹄，直径约 1m，层层上堆逐渐缩小，直至结顶，高约 1m，正好容纳 1 头牦牛。圈的开口处与主风向相反，外钉一木桩，犊牦牛拴系在桩上，可自由出入圈门。圈内一般垫有干草保暖。粪圈只用一个冷季，春后气候转暖、牛粪解冻，即自行坍塌，待冷季再重建造。

三、草皮圈

草皮圈是一种半永久性的，经修补后第二年仍可利用的牧地设施。在冬春冷季草场上选择避风向阳处，划定范围，利用范围内的草皮堆集而成。草皮堆高 60～100cm，可用于关公牦牛和驮牛。

四、木栏圈

用原木取材后的边角余料围成圈，或有顶棚或无顶棚，用以关栏犊牦牛。高原型牦牛分布区的木栏圈，可建在泥圈的一角，往往形成圈中圈，即在泥圈的一角，围以小木栏，开一低矮小门，圈内铺以垫草，让犊牦牛自由出入。高山型牦牛分布区森林资源丰富，可单独建木栏圈。夏秋暖季草场上也建有这种圈，夜间将犊牦牛关栏其中，同母牦牛隔离，母牦牛露营夜牧，以便第二天早上挤乳。

此外，高寒草地牧区也有用牛毛帐篷关犊牦牛的，即帐篷圈。四川九龙高山草地上，有一种专供放牧员、挤奶员居住和制作、贮藏奶制品用的小窝棚（当地称"牛棚"）。每一营地都有，属永久性建筑。面积有 10～20m² 不等，用页岩或卵石砌成墙，墙高 1.5m 左右，顶盖木板或树皮。牦牛群进入该营地时使用，牦牛群迁走即搬空。

◆ 思 考 题 —————————————————————————

1. 简述暖棚在牦牛业发展中的重要意义。
2. 简述牦牛舍建筑设计的原则。
3. 简述目前高寒地区牦牛的常用饲养设施。

第三篇

实 训

第十章　实训指导

实训 1　牛的体尺、体重测量

一、实训目的

通过实训，使学生掌握牛的体尺测量部位和测量方法，学会用体尺指标来估测体重。

二、实训器材

不同年龄奶牛、黄牛、牦牛若干头。

测杖、圆形触测器、皮卷尺、台秤或地磅等。

三、操作步骤

(一) 牛的保定

将牛牵到平地上拴好，牛头自然平伸，牛体自然站立。

(二) 用测杖测量的项目

1. 体高　鬐甲最高点到地面的垂直距离（鬐甲高）。

2. 荐高　荐骨最高点到地面的垂直距离（尻高）。

3. 十字部高　两腰角前缘隆凸连线交于腰线一点到地面的垂直距离。

4. 体直长　肩端前缘与坐骨端外缘的两条垂线之间水平距离。

(三) 用圆形触测器测量的项目

1. 髋宽　两髋关节外缘的直线距离。

2. 尻长　腰角前缘到坐骨端外缘的长度（臀长）。

3. 胸深　鬐甲上端到胸骨下缘的直线距离（沿肩胛后角量取）。

4. 胸宽　两侧肩胛骨后缘的最大距离。

5. 腰角宽　两腰角隆凸间的距离。

6. 坐骨宽　两坐骨外凸的水平最大距离。

(四) 用皮卷尺测量的项目

1. 体斜长　肩端前缘到坐骨端外缘的距离。

2. 胸围　肩胛骨后缘体躯的垂直周径。

3. 腹围　腹部最大处的垂直周径。

4. 后腿围 后肢膝关节处的水平周径。

5. 管围 前肢掌部上 1/3 最细处的水平周径。

图 10-1 为牛的体尺示意图。

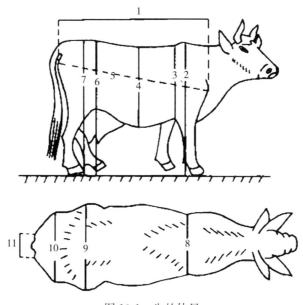

图 10-1　牛的体尺

1. 体直长　2. 体高　3. 胸深　4. 腹围　5. 体斜长　6. 十字部高

7. 荐高　8. 胸宽　9. 腰角宽　10. 髋宽　11. 坐骨宽

（五）体重测量

体重测量分直接测量法和公式估算法两种方式。直接测量法是在应用平台式或电子地磅实际称量牛的体重，公式估算法是利用活重和体尺的关系计算出来的。但采用公式估算前，应事先校正。

（1）乳用牛或乳肉兼用牛估重公式：体重（kg）＝［胸围（m）］^{2}×体直长（m）×87.5

（2）肉用牛估重公式：体重（kg）＝［胸围（m）］^{2}×体直长（m）×100

（3）中国黄牛估重公式：体重（kg）＝［胸围（cm）］^{2}×体斜长（cm）÷11 420

（4）水牛估重公式：体重（kg）＝［胸围（m）］^{2}×体斜长（m）×80＋50

（5）牦牛估重公式：体重（kg）＝［胸围（m）］^{2}×体斜长（m）×70

四、结果整理

写实习报告。

实训 2　牦牛的年龄鉴定

一、实训目的

通过实训，掌握通过门齿变化鉴定牦牛年龄的基本方法和要领，为牦牛的选择选购打好基础。

二、实训器材

各年龄段牦牛若干。

牛门齿挂图、牛门齿变化简表、牛门齿标本（或模型）和牛鼻钳等。

三、操作步骤

（一）牦牛的保定

在六柱栏内将牛保定，要求牛自然站立，情绪稳定。

（二）掰口

站立在牛头部左侧，用左手使牛口张开，露出门齿。要求操作规范，牛情绪较稳定。

（三）观察

观察门齿，并口头描述变化情况，要求操作规范，结果准确。

（四）判断年龄

结合实际情况，对牛的年龄作出判断。

牦牛的门齿变化见表10-1。

表10-1　牦牛与黄牛的门齿变化对比

门齿变化	牦牛	黄牛
第一对乳门齿出现	2～7日龄	出生前后
第四对乳门齿出现	50日龄	21日龄
四对乳门齿长齐	9月龄	4～5月龄
乳门齿齿冠变短	2～2.5岁	1～1.5岁
第一对永久齿出现	2.5～3岁	2～2.5岁
第二对永久齿出现	3～4岁	3～3.5岁
第三对永久齿出现	4.5～5.5岁	4～4.5岁
第四对永久齿出现	6～7岁	5～5.5岁
第一对门齿磨蚀成长方形	8岁	6岁
第二对门齿磨蚀成长方形	9～10岁	7岁
第三对门齿磨蚀成长方形	11～12岁	8岁
第四对门齿磨蚀成长方形	13～14岁	9岁
第一、二对门齿磨蚀成圆形	15～17岁	10～11岁
第三、四对门齿磨蚀成圆形	17～19岁	12～13岁
永久齿只剩齿根并有脱落	20岁以上	15岁以上

四、注意事项

（1）依牙齿变化鉴别年龄时，要考虑牛的品种与饲养管理条件等其他影响牛齿变化的原因。在鉴别时适当加减半年。

（2）实践中，可依角轮的变化来进行年龄判定，但不及牙齿鉴别准确；在鉴定时，须注意角轮间的间距和轮环的清晰度，来予以推断。角轮鉴别时，当出现浅细、彼此会合、不易分辨的角轮时，还要用手触摸角轮的数目。要依不同品种、不同实际生长环境（放养、圈养）等具体情况判定，否则容易发生误差。

（3）此外，还可以看牛的外貌（如皮毛色泽、站立姿势、饲养状况、眼圈上有无混生白毛、眼盂是否塌陷，以及行动表现等），作为判定年龄的参考。

五、结果整理

写实习报告。

实训 3 奶牛的日粮配合

一、实训目的

通过实训，使学生能够掌握奶牛日粮配合的原则及方法，能设计出实用的奶牛日粮配方。

二、实训器材

计算器等。

三、操作步骤

例：某奶牛场成年奶牛平均体重为 500kg，日产 20kg、乳脂率 3.5% 奶，该场有东北羊草、青贮玉米秸、玉米、麸皮、豆饼、蒸骨粉和食盐等饲料，试调配平衡日粮。

（一）查饲养标准，计算奶牛营养需要

列出必要的营养需要，见表 10-2。

表 10-2 体重 500kg 的奶牛营养需要量

	日粮干物质 （kg）	净能 （MJ）	可消化粗蛋白质 （g）	钙 （g）	磷 （g）
500kg 体重维持需要	6.56	37.57	317	30	22
日产 20kg、3.5% 乳脂率奶需要	7.8	58.6	1 040	84	56
合计	14.26	96.17	1 357	114	78

（二）查饲料成分及营养价值表

列出必要的饲料原料营养成分，见表 10-3。

表 10-3 饲料原料营养成分含量（每千克饲料原料含量）

饲料	干物质 （%）	净能 （MJ）	可消化粗蛋白质 （g）	钙 （g）	磷 （g）
东北羊草	91.6	4.33	37	3.7	1.8
青贮玉米秸	22.7	1.13	8	1.0	0.6

（续）

饲料	干物质 （%）	净能 （MJ）	可消化粗蛋白质 （g）	钙 （g）	磷 （g）
玉米	88.4	8.66	59	0.8	2.1
麸皮	88.6	5.99	109	1.8	7.8
豆饼	90.6	8.28	366	3.2	5.2
蒸骨粉	100	0	0	301.1	110
食盐	100	0	0	0	0

（三）先确定奶牛青粗饲料需要

按奶牛体重的 1%～2% 计算，每日可给 5～10kg 干草或相当于一定数量的其他粗饲料，现取中等用量 7.5kg，转换后即为东北羊草 2.5kg、青贮玉米秸 15kg（3kg 青贮玉米秸折合 1kg 干草）。初拟青粗饲料营养如表 10-4 所示。

表 10-4　初拟青粗饲料营养

饲料	用量 （kg）	干物质 （kg）	净能 （MJ）	可消化粗蛋白质 （g）	钙 （g）	磷 （g）
东北羊草	2.5	2.5×0.916=2.290	2.5×4.33=10.825	2.5×37=92.5	2.5×3.7=9.25	2.5×1.8=4.5
玉米青贮	15	15×0.227=3.405	15×1.13=16.95	15×8=120	15×1.0=15.0	15×0.6=9
合计	17.5	5.695	27.775	212.5	24.25	13.5

最后初拟青粗饲料用量如表 10-5 所示。

表 10-5　青粗饲料配方表

饲料	用量（kg）
东北羊草	2.5
青贮玉米秸	15

（四）计算差额

将表 10-4 中青粗饲料可供给的营养成分与总的营养需要量比较（表 10-6），不足的养分再由精料混合料来满足。

表 10-6　青粗饲料营养成分与总的营养需要量比较

饲料	干物质 （kg）	净能 （MJ）	可消化粗蛋白质 （g）	钙 （g）	磷 （g）
饲养标准	14.26	96.17	1 357	114	78
全部青粗饲料	5.695	27.775	212.5	24.25	13.5
差数	8.565	68.395	1 144.5	89.75	64.5

（五）初拟精料混合料配方

先用含 70% 玉米和 30% 麸皮组成的能量混合精饲料（每千克含产奶净能 8.055MJ），

即 68.395/8.055＝8.49（kg），其中玉米为 8.49×0.7＝5.943（kg），麸皮为 8.49×0.3＝2.547（kg）。补充后净能满足需要，可消化粗蛋白质、钙、磷分别缺 1 144.5g、89.75g、64.5g（表 10-7）。

表 10-7　初拟奶牛精料混合料提供的营养量

饲料	用量（kg）	干物质（kg）	净能（MJ）	可消化粗蛋白质（g）	钙（g）	磷（g）
玉米	5.943	5.943×0.884=5.257	5.943×8.66=51.472	5.943×59=350.637	5.943×0.8=4.754	5.943×2.1=12.480
麸皮	2.547	2.547×0.886=2.257	2.547×5.99=15.266	2.547×109=277.623	2.547×1.8=4.585	2.547×5.2=19.867
差数		−1.051	−1.657	−516.24	−80.411	−32.153

（六）调整

用蛋白质含量高的豆饼替代部分玉米，每千克豆饼与玉米可消化粗蛋白质之差为 366−59＝307（g），则豆饼替代量为 516.24/307＝1.69（kg），可用 1.69kg 豆饼替代等量玉米改后精料混合料提供养分见表 10-8。

表 10-8　改后精料混合料的营养成分

精料	用量（kg）	干物质（kg）	净能（MJ）	可消化粗蛋白质（g）	钙（g）	磷（g）
玉米	4.253	4.253×0.884=3.760	4.253×8.66=36.835	4.253×59=250.927	4.253×0.8=3.402 4	4.253×2.1=8.931
麸皮	2.547	2.547×0.886=2.257	2.547×5.99=15.266	2.547×109=277.623	2.547×1.8=4.584 6	2.547×7.8=19.867
豆饼	1.69	1.69×0.906=1.531	1.69×8.28=13.993	1.69×366=618.54	1.69×3.2=5.408	1.69×5.2=8.788
合计	8.49	7.548	66.094	1 147.09	13.395	37.586

尚缺干物质 1.017kg、净能 2.301MJ、钙 76.355g、磷 26.914g，用蒸骨粉补充，蒸骨粉（钙含量 30.11%）需要量：

$$76.355÷30.11\%＝253.59（g）$$

食盐每 100kg 体重给 3g，每产 1kg、4% 乳脂率的标准乳给 1.2g，则食盐添加量按下式计算：

该奶牛每天产奶量折合标准乳：$0.4×20+15×(20×0.035)＝18.5$（kg）

该奶牛每天所需食盐量为：$3×5+1.2×18.5＝37.2$（g）

最后精料混合料用量见表 10-9。

表 10-9　精料混合料配方表

饲料名称	用量
玉米	4.253kg
麸皮	2.547kg
豆饼	1.69kg
蒸骨粉	253.59g
食盐	37.2g

（七）列出奶牛日粮组成

奶牛日粮配方见表 10-10。

表 10-10　奶牛日粮配方

饲料种类	原料名称	需要量
青粗饲料	东北羊草	2.5kg
	青贮玉米秸	15kg
混合精饲料	玉米	4.253kg
	麸皮	2.547kg
	豆饼	1.69kg
	蒸骨粉	253.59g
	食盐	37.2g

四、结果整理

写实习报告。

实训 4　母牦牛发情鉴定技术

一、实训目的

通过实训，掌握外部观察法、试情法、阴道检查法、直肠检查法等发情鉴定方法，能通过检查判断母牛的发情状况。

二、实训器材

母牛及相应的试情公畜。

75％酒精棉球、0.1％高锰酸钾消毒液、石蜡油、肥皂、脱脂棉、阴道开膣器、手电筒、水盆、毛巾、保定架、保定绳、长柄镊子、指甲剪、消毒药、长臂手套、静松灵等。

三、实训内容及操作步骤

（一）外部观察法

1. 观察外阴部　提起母牛尾，观察外阴有无肿胀、发红、黏液流出，并观察黏液的分泌量、颜色、稀稠情况。

2. 观察阴道黏膜变化　用清洗消毒后的拇指与食指将母牛阴户分开，观察阴道黏膜是否充血、潮红而有光泽，能否看到毛细血管。

3. 观察静立反应　用手压母牛背部或尻部，观察母牛有无静立反应。

4. 观察行为变化与食欲情况　观察母牛是否兴奋不安，是否不断鸣叫，是否食欲减退。

（二）试情法

将试情公牛和母牛赶到运动场，观察母牛是否愿意与公牛接近，是否愿意接受公牛爬跨。利用已经做了输精管结扎或阴茎扭转手术的公牛进行试情，效果较好。可将一半圆形的不锈钢打印装置（在其下端有一自由滚动的圆珠，其打印原理同圆珠笔写字）固定在皮带上然后牢牢戴在公牛下颌部，当公牛爬跨发情母牛时，可将墨汁印在发情母牛的身上，这种装置称下颌球样打印装置。也可将试情公牛胸前涂以颜色或安装带有颜料的标记装置，放在母牛群中，凡经爬跨过的发情母牛，都可在尾部留下标记。为了减少公牛切除输精管等手术的麻烦，可选择特别爱爬跨的母牛代替公牛，效果更好。

（三）阴道检查法

1. 阴道检查的准备

（1）母牛的保定：对母牛进行检查时，将其保定在保定架上。

（2）器械的准备：把清洗好的阴道开腔器用酒精进行单向涂抹消毒，待酒精挥发后，涂以少量石蜡油进行润滑。

（3）检查人员的准备：穿工作服，将手用 0.1% 高锰酸钾消毒液清洗消毒。

（4）外生殖器的清洗与消毒：用抹布浸温水后对母牛外阴进行清洗，再用 0.1% 高锰酸钾消毒液进行消毒处理。清洗消毒时，从阴户向四周进行。

2. 插入阴道开腔器 用右手横握阴道开腔器（关闭状态），用左手拇指与食指分开阴唇，将阴道开腔器稍向上倾缓慢插入阴道外口，插入 5～10cm 后平伸插入，当开腔器大部分插入时，再将开腔器旋转 90°，手柄向下，打开开腔器，借助光源，将前口调整至能看到子宫颈口。

3. 阴道检查 打开阴道后，借助光源观察阴道黏膜是否充血、肿胀，子宫颈口开张大小，黏液流出情况。发情母牛一般阴道黏膜充血、潮红，子宫颈口开张、充血、肿胀、松弛，颈口或阴道内有拉丝的黏液流出。不发情的母畜阴道黏膜苍白、干燥，子宫颈口紧闭等。

（四）直肠检查法

根据母牛卵巢上卵泡的大小、质地、厚薄等来综合判断母牛是否发情。

母牦牛发情持续期为 16～56h，平均 32.2h，比普通牛稍长。幼龄母牦牛发情持续期偏短，平均为 23h，成年母牦牛偏长，平均为 36h。气温高而无雨的天气（7 月平均气温 14.2℃）时发情持续期延长；发情时遇雨天、阴天则变短。

结合以上发情鉴定的方法，选择适时配种的最佳时间开展人工授精。一般母牛外阴肿胀，并由潮红转呈暗红，黏液的分泌量由稀变稠到脓鼻涕样黏液流出，发情开始的第 2～3 天是配种效果最佳期。

四、结果整理

写实习报告。

实训 5　牦牛的人工授精

一、实训目的

通过实训，熟悉牦牛人工授精的过程，掌握牛的直肠把握子宫颈深部输精法和阴道开腔器浅部输精法操作技术。

二、实训器材

成年未孕母牦牛、牦牛冷冻精液、75%酒精、0.1%高锰酸钾溶液、肥皂、石蜡油等。

剪刀、卡苏式输精枪或牛用细管精液输精器、阴道开腔器（大号型、中号型）、保定栏、水桶、毛巾等。

三、操作步骤

（一）输精前准备

1. 术者准备 穿上工作服，指甲剪短磨光，戴上长臂手套，用0.1%高锰酸钾溶液消毒后涂上肥皂水润滑。

2. 器械的准备 输精前，所有器械均严格进行清洗与消毒。金属开腔器可用火焰或75%酒精棉球擦拭消毒；塑料及橡胶器械可用75%酒精棉球擦拭消毒，再用稀释液冲洗一遍；输精管可用蒸煮法消毒。

3. 母畜的准备 经发情鉴定，确认母畜已到输精时间后，牵至保定栏内进行保定，将其尾巴拉向一侧，清洗外阴部，再用0.1%高锰酸钾溶液进行消毒，最后抹干待配。清洗消毒从阴户向周围进行清洗。

4. 精液的准备 镜检精子活力，如使用新鲜精液，精子活力不低于0.8；冷冻精液要按要求进行解冻，解冻后精子活力不低于0.3。将细管冻精装入输精器备用。

（二）直肠把握子宫颈深部输精法

左手戴上长臂手套涂少量石蜡油伸入直肠，排出宿粪。并且再次消毒母牛外阴部。左手伸至直肠狭窄部后，将直肠向后移，向骨盆腔底下压，找到子宫颈（棒状，质地较硬有肉质感，长10～20cm）。手移至子宫颈后端（子宫颈阴道部），使子宫颈呈水平方向，并用力将子宫颈向前推，使阴道壁拉直，方便输精器向前推进到子宫颈外口附近。左右手配合，使输精器前端对准子宫颈外口，上下调整，使输精器前端进入子宫体内。等确认输精器到达子宫体时（短距离前后移动时，没有明显阻力）将精液缓慢注入，再慢慢抽出输精器。

（三）阴道开腔器浅部输精法

用酒精消毒阴道开腔器，在其上涂抹少量的润滑剂。左手将开腔器闭合按母牛阴门的形状慢慢插入阴道，之后轻轻转动90°，打开开腔器。借助额灯或手电筒光源找到子宫颈口（子宫颈口的位置不一定正对阴道，子宫颈在阴道内呈一小凸起，发情时充血，较阴道壁膜的颜色深，容易寻找）。然后右手将吸有精液的输精器插入子宫颈内1～2cm，徐徐注入精液，然后取出输精器，接着取出阴道开腔器。为了防止母牛弓背而使精液流出，在输精完毕后用力按压母牛背腰部，可防止精液倒流。

四、注意事项

（1）注意人畜安全，防止被牛伤及。

（2）牦牛的子宫颈细而短小，输精操作时难度较大，输精员要熟悉母牦牛尤其处女牛的生殖构造，熟练掌握输精技术。

（3）输精操作时，若母牛努责过甚，可采用喂给饲草、捏腰、拍打眼睛、按摩阴蒂等方法使之缓解。若母牛直肠呈罐状，可用手臂在直肠中前后抽动以促使松弛。

（4）操作时动作要谨慎，防止损伤子宫颈和子宫体。

（5）试验表明，子宫颈深部、子宫体、子宫角等不同部位输精的受胎率没有显著差别。但是输精部位过深容易引起子宫感染或损伤，所以采取子宫颈深部或子宫体输精是比较安全的。

（6）要检查子宫状况和精液品质。对患子宫内膜炎母牛暂不输精，抓紧治疗。冻精解冻后最好立即输精，延期输精应正确保存，细管冻精解冻后以 0～4℃ 保存为好。

（7）直肠把握输精遇到的问题及解决办法见表 10-11。

表 10-11　直肠把握输精遇到的问题及解决办法

问题	原因	措施
手无法伸入直肠	1. 母牛暴躁	请助手帮忙保定
	2. 手套干燥	沾水或擦上润滑剂
	3. 直肠努责	手指拳握成锥型稍停一下或轻拉直肠皱褶
输精器不能插入阴道	1. 阴户闭合	在直肠内用手肘下压会阴可压开阴户
	2. 插入方向不对	由阴户斜上方 45° 插入约 10cm 再平行或向下再插入，因老牛阴道多向下腹部下沉
	3. 母牛过敏不安	直肠内按摩或轻拉肠壁或轻叩、抓痒以分散牛只注意力
	4. 输精器折断	输精器插入动作要轻，切忌强行插入阴道，应随牛体动而动
找不到子宫颈	1. 青年母牛	子宫颈细小如手指，一般子宫颈部位较浅、软小，按摩子宫颈使其变粗
	2. 老年母牛	子宫颈粗大、下沉，提起即可
输精器插不到子宫颈内	1. 把握子宫颈过前、子宫颈口向下	手要握住进口处
	2. 有皱褶阻挡	把子宫颈向前推拉、拉直皱褶
	3. 偏子宫颈外围	退回输精器，重新插入并用手左右轻轻摇动子宫颈，禁止以输精器硬戳的方法进入
输不出精液	1. 输精器口被阻挡	稍向后退一点，便可输精
	2. 细管精液安装不当	平时安装解冻细管精液要仔细，剪口要平；用细管专用剪刀剪开精液细管，在细管空气部分（无棉塞一头）的正中间剪断，切口要平齐

五、结果整理

写实习报告。

实训 6 肉牛的屠宰测定

一、实训目的

通过实训，熟悉肉牛屠宰测定方法、操作技术及肉用性能统计方法。

二、实训器材

试验牛、屠宰用具（宰牛刀、剥皮刀、砍刀、锯）、测量用具（测杖、圆形触测器、卡尺、皮尺、钢卷尺、钩秤、磅秤）、盛装容器（盆、桶、磁盘）、保定绳、肉案、硫酸纸、求积仪、记录表格等。

三、操作步骤

（一）供试牛准备

供试牛在屠宰前 24h 必须停止喂饲放牧，但每隔 6h 应饮水一次直到宰前 6h 停止饮水。

（二）活体测定

进行活体测尺、称重及评定膘度。

（三）电击

把牛电晕（既保证屠宰者安全，同时又避免牛只由剧烈挣扎惊慌而引起血液流入肌肉，造成肉尸和内脏放血不全，影响牛肉品质）缚牢。

（四）放血

用刀时注意避开食管和气管。割断颈部血管，将血盛入盆内，直到放尽为止，称取血重和肉尸重（宰后重）。

（五）宰割

按下列程序进行。

1. 剥皮　从头部剥起，四肢从蹄冠上系部剥起，一直剥到尾部，注意割开尾皮，第一尾椎骨处取下尾骨称重，在右背侧用卡尺量取双层皮厚，再被 2 除，称取皮重。

2. 去头、蹄　自第一颈椎处将头割下，自腕关节和跗关节将四蹄割下，并分别称重。

3. 取出内脏　用砍刀沿胸骨的剑状软骨纵向砍开胸腔、腹腔和骨盆腔（勿损伤内脏器官）。取出全部内脏（留下肾及其附近脂肪）和食管气管。取下外生殖器及周围脂肪（母畜取下乳房），分别称重。

4. 胴体劈半　沿正中矢线，用砍刀将胴体劈半，注意砍面整齐，左片与右片重量基本相等。称取胴体重。

5. 进行胴体测量　先钩着跗关节，将左（右）片胴体悬挂，再测量下列项目。

（1）胴体长：为耻骨缝前缘至第 1 肋骨的前缘的长度。用钢卷尺量取。

（2）胴体胸深：从第 3 胸椎棘突处的体表至胸骨处体表的水平长度（包括胸骨下的肉厚）。用钢卷尺量取。

（3）胴体深：从第 7 胸椎棘突处的体表，通过第 7 肋骨至腹侧体表的水平长度。用钢卷尺量取。

（4）胴体后腿围：为股骨与胫腓骨连接处的水平围度。用皮尺量取。

（5）胴体后腿长：为耻骨缝前缘至跗关节的长度。用钢卷尺测量。

（6）胴体后胸宽：分 A 宽与 B 宽，可用圆形触测器进行测量。

①A 宽：为除去尾根的凹处至同侧大腿前缘的水平宽度。

②B 宽：为坐骨结节端至大腿前缘的水平宽度。

（7）胴体后腿厚：为耻骨缝前缘处至腿外侧的垂直厚度。用圆形触测器测量。

上述项目测量完毕后，将胴体片平置于肉案上。取下肾及附近脂肪，再进行下述项目的测量。

（8）眼肌面积：为第 12～13 肋间的眼肌面积，先用钢锯沿第 12 胸椎后前缘锯开。用利刀沿第 12～13 肋间切开，然后再用硫酸纸在第 12 胸椎后缘处将眼肌面积画出，并用求积仪求其面积。

对眼肌脂肪分布状态和大理石状的程度进行评级（采用 9 级评定法）。

（9）脂肪厚度：

①背脂肪：在第 5～6 胸椎处用钢卷尺量取。

②腰脂肪：在第 12 胸椎处用钢卷尺量取。

（10）9～10～11 肋骨样块：先在第 8 及第 11 肋骨后缘用锯将背椎锯开，然后用利刀沿第 8 及第 11 肋骨后缘切开，与胴体分离。

本样块不包括背最长肌及脊椎骨。将样块进行骨肉分离，分别称量肋骨及肌肉重量。全部肌肉均作化学分析样品。

（11）肌肉厚度：

①腰部肌肉：腰上部 3～4 腰椎向肌肉口用利刀切开后用钢卷尺量取。

②大腿肌肉：为大转子和腿围线中间肌肉最厚度水平距离。利刀切开后，用钢卷尺量取。

6. 剔骨　用尖刀对胴体进行骨肉分离，要求将骨上肉剔除干净，分别称取骨重和净肉重。

7. 称重　取出胃、肠及膀胱内容物称取重量，用宰前活重减去内容物重，求出净体重。

8. 分离称重　取另侧胴体片，分离胴体切块，并进行称重。

四、实习报告

填写活体测尺记录表（表 10-12）和屠体测量记录表（表 10-13）。

表 10-12　活体测尺记录

牛号	品种	性别	年龄	宰前评膘	体高	十字部高	体斜长	体直长	胸围	胸宽	胸深	腰角宽	坐骨宽	管围	腿围

表 10-13　屠体测量记录

牛号	净体重	宰前重	宰后重	血重	皮厚	胴体重	净肉重	骨重	前二蹄重	后二蹄重	尾重	备注

参考文献

安永福，2004. 肉牛家庭养殖技术 [M]. 北京：中国农业出版社.

蔡立，1990. 四川牦牛 [M]. 成都：四川民族出版社.

蔡立，1992. 中国牦牛 [M]. 北京：农业出版社.

曹兵海，张越杰，李俊雅，等，2020. 2020 年肉牛牦牛产业发展趋势分析与政策建议 [J]. 中国畜牧杂志，56（3）：179-182.

曹建民，张越杰，田露，2010. 我国肉牛产业现状、问题与未来发展 [J]. 现代畜牧兽医（3）：5-7.

曹玉凤，2004. 肉牛标准化养殖技术 [M]. 北京：中国农业出版社.

曹玉凤，李秋凤，2013. 规模化生态肉牛养殖技术 [M]. 北京：中国农业大学出版社.

陈春林，周淑兰，2017. 牛病防控关键技术有问必答 [M]. 北京：中国农业出版社.

陈怀涛，2010. 牛羊病诊治彩色图谱 [M]. 2 版. 北京：中国农业出版社.

陈顺友，2009. 畜禽养殖场规划设计与管理 [M]. 北京：中国农业出版社.

陈瑶，尼玛群宗，拉巴次仁，等，2019. 犏牛的舍饲管理技术 [J]. 养殖与饲料（8）：35-37.

陈永伟，韩学平，艾德强，等，2020. 雪多牦牛和环湖牦牛生产性能测定 [J]. 山东畜牧兽医，41（5）：6-7.

陈幼春，2012. 现代肉牛生产 [M]. 2 版. 北京：中国农业出版社.

丑武江，2016. 养牛与牛病防治 [M]. 北京：中国农业大学出版社.

褚万文，扈志强，2014. 肉牛肉羊养殖实用技术 [M]. 北京：中国农业大学出版社.

旦增旺久，尼玛群宗，达瓦，等，2019. 西藏日喀则市犏牛生产养殖现状及思考 [J]. 今日畜牧兽医，35（11）：63-64.

刁其玉，2019. 犊牛营养生理与高效健康培育 [M]. 北京：中国农业出版社.

郭爱朴，1983. 牦牛、黄牛及其杂交后代犏牛的染色体比较研究 [J]. 遗传学报，10（2）：137-143.

郭淑珍，包永清，马登录，等，2019. 高寒牧区娟犏牛屠宰性能及肉品质测定 [J]. 中国草食动物科学，39（5）：72-74＋77.

郭宪，胡俊杰，阎萍，2018. 牦牛科学养殖与疾病防治 [M]. 北京：中国农业出版社.

郭宪，裴杰，包鹏甲，2019. 牦牛高效繁殖技术 [M]. 北京：中国农业出版社.

国家畜禽遗传资源委员会，2011. 中国畜禽遗传资源志 牛志 [M]. 北京：中国农业出版社.

国家奶牛产业技术体系，2013. 奶牛分册 [M]. 北京：中国农业出版社.

国家肉牛牦牛产业技术体系，2014. 肉牛牦牛分册 [M]. 北京：中国农业出版社.

国家统计局，2019. 国际统计年鉴 2018 [M]. 北京：中国统计出版社.

韩特，2004. 优质牛奶生产手册 [M]. 北京：中国农业出版社.

韩友文，1997. 饲料与饲养学 [M]. 北京：中国农业出版社.

蒋林树，陈俊杰，熊本海，2018. 奶牛精细饲喂与健康诊断 [M]. 北京：中国农业出版社.

贾功雪，丁路明，徐尚荣，等，2020. 青藏高原牦牛遗传资源保护和利用：问题与展望 [J]. 生态学报，40（18）：6314-6323.

靳胜福，2009. 畜牧业经济与管理 [M]. 2 版. 北京：中国农业出版社.

巨星，黄锡霞，葛建军，等，2019. 中国荷斯坦奶牛体况评分及其影响因素分析 [J]. 中国畜牧杂志，

55 (4)：49-52.

蓝海军，2011. 养牛与牛病防治 [M]. 北京：中国农业大学出版社.

李爱民，马云，蓝贤勇，等，2011. 牦牛分子标记研究进展 [J]. 中国牛业科学，37 (4)：30-34.

李保明，施正香，2006. 设施农业工程工艺及建筑设计 [M]. 北京：中国农业出版社.

李建国，2007. 现代奶牛生产 [M]. 北京：中国农业大学出版社.

李建国，高艳霞，2013. 规模化生态奶牛养殖技术 [M]. 北京：中国农业大学出版社.

李胜利，2012. 2011 年度奶牛产业技术研究进展 [M]. 北京：中国农业大学出版社.

李永红，常洪，耿荣庆，等，2008. 以 GH 基因多态性探讨中国南北黄牛及牦牛系统 [J]. 畜牧兽医学报，39 (9)：1165 - 1170.

李友英，蓝岚，程川，等，2019. 甘孜州五大牧区县牦牛肠道寄生虫感染情况调查 [J]. 四川畜牧兽医，46 (7)：24-25＋28.

梁春年，2011. 牦牛 MSTN 和 IGF-IR 基因的克隆及 SNPs 与生长性状相关性研究 [D]. 兰州：甘肃农业大学.

梁春年，邢成峰，阎萍，等，2010. 牦牛 LPL 基因外显子 7 多态性与生长性状相关性的研究 [J]. 华北农学报，25 (5)：16 - 19.

梁春年，阎萍，刑成峰，等，2011. 牦牛 MSTN 基因内含子 2 多态性及与生长性状的相关性 [J]. 华中农业大学学报，30 (3)：285 - 289.

梁艳，张强，唐程，等，2020. 影响荷斯坦牛 305d 泌乳性能的因素分析 [J/OL]. 中国畜牧杂志：1-9 [2020-04-21]. https：//doi. org/10. 19556/j. 0258-7033. 20190707-02.

刘成果，2013. 中国奶业史：通史卷、专史卷 [M]. 北京：中国农业出版社.

刘辉，1993. 中国牦牛 [M]. 兰州：甘肃科学技术出版社.

刘敏，柯卫权，2013. 中、小型肉用牛的生产性能 [J]. 养殖技术顾问 (8)：63.

刘太宇，2008. 养牛生产 [M]. 北京：中国农业大学出版社.

刘太宇，阎慎飞，2013. 养牛生产技术 [M]. 2 版. 北京：中国农业大学出版社.

刘太宇，郑立，2015. 养牛生产技术 [M]. 3 版. 北京：中国农业大学出版社.

刘云，王春璈，2018. 现代规模化奶牛场肢蹄病防控学 [M]. 2 版. 北京：中国农业出版社.

柳楠，牟永义，2003. 牛羊饲料配制和使用技术 [M]. 北京：中国农业出版社.

卢德勋，2016. 系统动物营养学导论 [M]. 北京：中国农业出版社.

陆仲璘，1994. 牦牛育种与高原肉牛业 [M]. 兰州：甘肃民族出版社.

罗光荣，杨平贵，2008. 生态牦牛养殖实用技术 [M]. 成都：天地出版社.

马建民，蔡泽川. 2018. 奶牛场疾病防控技术指南 [M]. 北京：中国农业大学出版社.

马进勇，2017. 现代肉牛生产技术 [M]. 北京：中国农业大学出版社.

莫放，2010. 养牛生产学 [M]. 2 版. 北京：中国农业大学出版社.

莫放，2012. 繁殖母牛饲养管理技术 [M]. 北京：中国农业大学出版社.

莫放，李强，赵德兵，2012. 肉牛育肥生产技术与管理 [M]. 北京：中国农业大学出版社.

农业标准出版分社，2019. 中国农业行业标准汇编 (2019) ——畜牧兽医分册 [M]. 北京：中国农业出版社.

钱德芳，1987. 新疆牦牛 [M]. 乌鲁木齐：新疆人民出版社.

邱怀，2001. 养牛学 [M]. 北京：中国农业出版社.

曲永利，2015. 肉牛标准化养殖图解 [M]. 北京：中国农业大学出版社.

冉娟，王济民，2017. 中国精饲料供需研究 [M]. 北京：中国农业出版社.

任称罗尔日，吴正宁，周炬忠，1995. 九龙牦牛与本地牦牛杂交效果的分析 [J]. 中国牦牛 (2)：32-35.

任子利，2016. 家畜繁殖学实验实习指导 [M]. 武汉：湖北科学技术出版社.

史民康，2015. 图说如何安全高效饲养肉牛 [M]. 北京：中国农业出版社.

孙彦琴，魏金销，郭利亚，等，2018. 我国肉牛产业发展的现状及问题对策［J］. 中国草食动物科学，38（4）：64-67.

国家统计局，2020. 国际统计年鉴 2020［M］. 北京：中国统计出版社．

覃国森，2006. 养牛与牛病防治［M］. 北京：中国农业出版社．

谭旭信，2008. 优质高档牛肉生产技术规程［C］//中国畜牧业协会，第三届中国牛业发展大会论文集．中国畜牧业协会：335-338.

童成栋，2019. 青海地区加快牦牛品种改良提高牧场经济效益［J］. 畜牧兽医科技信息（8）：52-53.

王根林，2014. 养牛学［M］. 3 版．北京：中国农业出版社．

王可，祝超智，赵改名，等，2019. 中国牦牛的品种与分布［J］. 中国畜牧杂志，55（10）：168-171.

王伟，保广才，乔蕊，等，2019. 影响牦牛生长发育的因素及应对措施［J］. 中国动物保健，21（9）：54-55.

王伟，刘更寿，武甫德，等，2019. 牦牛高效养殖关键技术［J］. 今日畜牧兽医，35（8）：53.

信金伟，张成福，姬秋梅，等，2017. 类乌齐牦牛产肉性能及肉品质分析［J］. 湖北农业科学，56（3）：501-505.

西藏自治区统计局，国家统计局西藏调查总队，2018. 西藏统计年鉴 2018［M］. 北京：中国统计出版社.

熊显荣，李键，字向东，等，2019. 犏牛高效生产新模式的建立［J］. 中国兽医学报，39（5）：1007-1013.

徐民然，张兆敏，1998. 架子牛育肥科学饲养管理规范［J］. 黄牛杂志（4）：54-55.

徐尚荣，彭巍，2019. 安犏牛与牦牛设施化养殖技术试验研究［J］. 青海畜牧兽医杂志，49（4）：32-35.

薛晓聪，樊斌，2019. 中国奶牛养殖生产布局时空演变分析［J］. 中国畜牧杂志，55（11）：174-179.

薛增迪，任建存，2005. 牛羊生产与疾病防治［M］. 西安：西北农林科技大学出版社．

昝林森，2005. 肉牛饲养新技术［M］. 西安：西北农林科技大学出版社．

昝林森，2017. 牛生产学［M］. 3 版．北京：中国农业出版社．

张君，更求久乃，2007. 补饲对青海高原型围产期牦母牛的影响［J］. 中国畜牧杂志，43（9）：59-61.

张凯慧，李东方，毋亚运，等，2019. 西藏部分地区牦牛球虫感染情况的调查［J］. 中国兽医科学，49（9）：1160-1166.

张丽君，王春润，金双勇，等，2005. 奶牛全混合日粮营养标准计算及配合方法［J］. 中国乳业（10）：34-36.

张莉，李付强，钱占宇，等，2019. 规模化肉牛繁育场提高繁殖率的措施［J］. 山东畜牧兽医，40（10）：22-23.

张容昶，胡江，2002. 牦牛生产技术［M］. 北京：金盾出版社．

张沅，2002. 家畜育种学［M］. 北京：中国农业出版社．

赵寿保，马进寿，保广才，等，2019. 半舍饲条件下淘汰母牦牛育肥及犊牦牛培育技术研究［J］. 畜牧与饲料科学，40（7）：19-21.

赵寿保，马进寿，李青云，等，2019. 大通牦牛犊牛早期培育效果观察［J］. 今日畜牧兽医，35（10）：15-16.

赵寿保，夏宗军，2013. 断乳后母牦牛注射氯前列烯醇钠的发情效果观察［J］. 黑龙江动物繁殖，21（4）：41-42.

赵彦玲，2016. 牛生产学实验实习指导［M］. 武汉：湖北科学技术出版社．

中国畜牧业协会牛业分会，2019. 2018 年我国肉牛产业发展回顾与 2019 年展望［J］. 饲料与畜牧（5）：31-37.

中国牦牛学编写委员会，1989. 中国牦牛学［M］. 成都：四川科学技术出版社．

中国奶业年鉴编辑委员会，2017. 中国奶业年鉴 2016［M］. 北京：中国农业出版社．

中国奶业年鉴编辑委员会，2018. 中国奶业年鉴 2017 ［M］. 北京：中国农业出版社 .

中国牛品种志编委会，1986. 中国牛品种志 ［M］. 上海：上海科学技术出版社 .

中国畜牧兽医年鉴编辑委员会，2019. 中国畜牧兽医年鉴 2018 ［M］. 北京：中国农业出版社 .

钟金城，1996. 牦牛遗传与育种 ［M］. 成都：四川科学技术出版社 .

周贵，张拴林，2015. 牛生产学实验实习教程 ［M］. 北京：中国农业大学出版社 .

朱士恩，2015. 家畜繁殖学 ［M］. 6 版，北京：中国农业出版社 .

左福元，2018. 高效健康养肉牛全程实操图解 ［M］. 北京：中国农业出版社 .

LESLIE JR D M，SCHALLER G B，2009. Bos grunniens and Bos mutus（Artiodactyla：Bovidae）［J］. Mammalian Species（836）：1-17.

图书在版编目（CIP）数据

牦牛养殖学 / 赵彦玲主编 . —北京：中国农业出
版社，2022.4
　　ISBN 978-7-109-29261-1

　　Ⅰ．①牦…　Ⅱ．①赵…　Ⅲ．①牦牛－饲养管理－教材
Ⅳ．①S823.8

中国版本图书馆 CIP 数据核字（2022）第 050974 号

中国农业出版社出版
地址：北京市朝阳区麦子店街 18 号楼
邮编：100125
责任编辑：何　微
版式设计：王　晨　　责任校对：刘丽香
印刷：北京通州皇家印刷厂
版次：2022 年 4 月第 1 版
印次：2022 年 4 月北京第 1 次印刷
发行：新华书店北京发行所
开本：787mm×1092mm　1/16
印张：8.75　　插页：2
字数：220 千字
定价：35.00 元

玉树牦牛

娘亚牦牛（嘉黎牦牛）

类乌齐牦牛

类乌齐牦牛群

九龙牦牛（公）

九龙牦牛 （母）

昌台牦牛（公）

昌台牦牛（母）

麦洼牦牛（公）

麦洼牦牛（母）

金川牦牛（公）

金川牦牛（母）

亚丁牦牛（公）　　　　　　　　　　　　　亚丁牦牛（母）

色达牦牛（公）　　　　　　　　　　　　　色达牦牛（母）

甘南牦牛（公）　　　　　　　　　　　　　甘南牦牛（母）

大通牦牛

阿什旦牦牛（无角牦牛）

野牦牛（1）

野牦牛（2）

雅江雪牛（安格斯牛与犏牛杂交）（1）

雅江雪牛（安格斯牛与犏牛杂交）（2）